700만이 뽑은 에어프라이어 맛보장 요리

700만이 뽑은
에어프라이어
맛보장 요리

초판 1쇄 발행 2019년 6월 5일
초판 8쇄 발행 2021년 5월 10일

지은이 만개의 레시피
펴낸이 이인경
총괄 이창득
기획 고수정
검수 윤미영
편집 최원정
디자인 및 전산편집 디자인 9mm, 북탐

펴낸곳 ㈜이지에이치엘디   주소 서울특별시 금천구 가산디지털1로 145, 1106호
전화 070-4896-6416   팩스 02-323-5049   이메일 help@10000recipe.com
홈페이지 www.10000recipe.com   인스타그램 @10000recipe   유튜브 www.youtube.com/c/10000recipeTV
네이버TV tv.naver.com/10000recipe   페이스북 www.facebook.com/10000recipe

출판등록 2018년 4월 17일

요리 윤미영, 최문경
사진 박형주, 윤성근(Yul studio, 02-545-9908)
푸드 스타일링 김미은, 심해림

인쇄 ㈜홍인그룹

ISBN 979-11-964370-3-9 13590

700만이 뽑은

에어프라이어 맛보장 요리

만개의레시피

에어프라이어 요리도
700만이 뽑으면 다릅니다

레시피는 역시 '만개의 레시피'
'믿고 보는' 700만이 뽑은 요리 시리즈, 에어프라이어편

만개의 레시피가 베스트&스테디셀러 '700만이 뽑은 요리' 시리즈의 뜨거운 호응에 힘입어 에어프라이어 편을 만들었어요. 주방의 트렌드를 바꾸고 있는 에어프라이어에 최적화된 맛보장 레시피 103개를 정성스레 담았습니다.

최고의 평점을 받은 에어프라이어 레시피는?
대한민국 인기 에어프라이어 요리 103

검증된 명품 레시피로 에어프라이어의 활용도를 높여보세요. 그동안 요리 1위 앱 만개의 레시피를 뜨겁게 달군 화제의 에어프라이어 레시피들이 많았습니다. 그중에 리얼맛 후기로 뽑은 에어프라이어 맛보장 레시피는 검증과 확인 과정까지 거쳐 누가 만들어도 맛있습니다.

"이런 요리도 가능해?"

에어프라이어 요리의 신세계

에어프라이어, 죽은 치킨와 피자를 살릴 때만 쓰시나요? 베이킹부터 근사한 홈파티 요리까지 에어프라이어로 모두 할 수 있습니다. 열풍에 구워야 제맛인 갖가지 요리들로 외식보다 맛있는 집밥을 만들어보세요.

술안주부터 다이어트 요리까지

취향 따라 에어프라이어 활용하기

칼로리 낮은 가벼운 음식이 필요할 때도, 한여름밤에 맥주 안주가 생각날 때도《700만이 뽑은 에어프라이어 맛보장 요리》를 펼치세요. 취향 따라, 기분 따라 즐길 수 있는 테마별 레시피가 풍성하게 담겨 있습니다.

튀김은 물론 굽기, 데우기까지 가능하니까

에어프라이어를 똑똑하게, 맛있게, 근사하게 활용하는 방법

굽고, 튀기고, 데우는 것은 물론 식품을 건조시키거나 빵을 굽는 기능까지 있는 에어프라이어를 제대로 활용하는 팁들을 구석구석 담았습니다. 요리 초보도 '최소의 시간에 최대의 효과'를 누릴 수 있도록 안내하는 알짜 팁으로 보다 쉽고 즐겁게 요리하세요.

이 책으로 여러분의 쿠킹라이프가 더욱 풍요로워지길 바랍니다.
만개의 레시피는 늘 여러분과 음식으로 소통하고, 마음을 나누겠습니다.
감사합니다.

만개의 레시피 요리팀

Contents

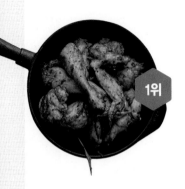

열풍으로 반찬도 손쉽게! **특별한 반찬**

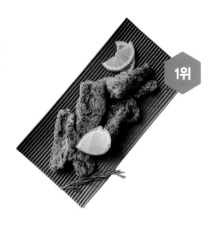

기름은 쏙 빼고
식감은 살리고!
다이어트 요리

고소한 빵 냄새
깃든 우리집
빵요리

에어프라이어, 이런 것도 돼? 럭셔리 요리

엄마! 매일매일 해주세요!
아이 간식

이보다 간단할
수는 없다
시판제품 요리

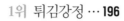

Intro

에어프라이어

사용 전, 알아두세요

에어프라이어 둘러보기

에어프라이어의 특징

에어프라이어(Air Fryer)는 열풍으로 다양한 음식재료를 구석구석 익혀주는 제품이에요. 오븐의 기능과 식품건조기의 기능을 고루 갖추고 있지요. 건조기나 오븐보다 부피가 작은 데다, 예열이 빠르고, 사용 방법이 간단해 인기 가전제품으로 자리 잡았답니다. 재료 자체가 가진 지방을 이용해 굽는 방식이라 기름과 지방은 밖으로 배출되고 겉은 바삭한 건강 요리를 만들 수 있어요. 무엇보다 쉽고 간편하게 냉동식품을 바삭하게 익히는 데 제격입니다.

에어프라이어 사용법

◆ 제품에 따라 알맞은 온도가 조금씩 다르니, 처음에는 냉동 제품부터 가볍게 테스트하며 시작하세요.

◆ 지방이 많은 식재료는 기타 처리 없이 조리가 가능하고, 지방이 적은 식재료는 오일을 뿌리거나 버터를 넣고 조리를 하면 맛이 더 좋아집니다.

◆ 에어프라이어에 재료를 세팅할 때 서로 달라붙지 않도록 간격을 두세요.

◆ 에어프라이어는 오븐처럼 예열한 후 사용하면 좋아요.

◆ 재료의 크기나 상태에 따라 조금씩 익는 시간이 다르니 중간중간 확인하면 좋아요.

함께 사용하면 좋은 도구

종이포일

종이포일을 이용하면 촉촉하게 요리할 수 있고, 세척이 쉬워져요. 에어프라이어의 바스켓 구멍으로 음식물의 기름과 찌꺼기가 빠져 눌어붙기 쉽거든요. 종이포일을 깔면 기름이나 찌꺼기가 종이포일에 모이기 때문에 에어프라이어를 손쉽게 세척할 수 있어요.

오일 스프레이

소량의 기름을 고르게 뿌릴 수 있어요. 조리용 붓을 사용하거나 위생비닐에 넣고 흔들어 묻혀도 좋습니다.

내열 그릇

오븐 사용이 가능한 내열 그릇에 담아 에어프라이어에 조리하면 그릇에 덜지 않고 바로 꺼내어 먹을 수 있어 편리해요.

에어프라이어 청소하는 법

에어프라이어를 사용하고 완전히 식힌 후 청소해요. 바스켓은 부드러운 천수세미를 이용해서 따뜻한 물로 닦고, 마른 행주로 물기를 빠르게 닦아내세요. 철제 제품이라 칠이 벗겨지지 않도록 부드러운 수세미를 사용하고, 물기를 빠르게 제거하는 것이 좋아요. 기름을 많이 사용했다면 열선을 키친타월로 닦아주는 것이 좋아요.

기름받이와 바스켓

기름이 튀었을 때는 열선을 키친타월로 닦아요.

 처음 사용하실 때는 공회전하세요.
새 에어프라이어를 처음 사용할 때는 아무 것도 넣지 않은 채 200도에서 약 5분 이상 공회전하면 잔여 불순물이나 냄새를 없앨 수 있습니다. 제품마다 방법은 조금씩 다를 수 있으니 사용설명서를 보고 사용하기 전 꼭 공회전하세요. 공회전한 후 물에 식초를 희석하여 키친타월에 묻혀 닦으면 더욱 좋습니다.

밥숟가락으로 계량하기

가루류 계량하기

설탕 1숟가락: 숟가락에 수북이 떠서 위로 볼록하게 올라오도록 담아요.

설탕 ½숟가락: 숟가락에 절반 정도만 볼록하게 담아요.

설탕 ⅓숟가락: 숟가락에 ⅓정도만 볼록하게 담아요.

액체류 계량하기

간장 1숟가락: 숟가락에 한가득 찰랑거리게 담아요.

간장 ½숟가락: 숟가락에 가장자리가 보이도록 절반 정도만 담아요.

간장 ⅓숟가락: 숟가락에 ⅓ 정도만 담아요.

장류 계량하기

고추장 1숟가락: 숟가락에 가득 떠서 위로 볼록하게 올라오도록 담아요.

고추장 ½숟가락: 숟가락에 절반 정도만 볼록하게 담아요.

고추장 ⅓숟가락: 숟가락에 ⅓ 정도만 볼록하게 담아요.

🥤 종이컵으로 계량하기

육수 1종이컵: 종이컵에 찰랑거리게 담아요.

밀가루 1종이컵: 종이컵에 가득 담고 자연스럽게 윗면을 깎아요.

콩 1종이컵: 종이컵에 가득 담고 윗면을 깎아요.

🖐 손으로 계량하기

시금치 1줌: 손으로 자연스럽게 한가 득 쥐어요.

부추 1줌: 500원 동전 굵기로 자연스 럽게 쥐어요.

약간: 엄지손가락과 둘째 손가락으로 살짝 쥐어요.

⚖ 100g 계량하기

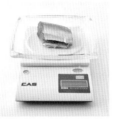

육류: 손바닥 크기 (사방 5cm x 두께 2cm)

생선: 고등어 1토막

둥근 채소: 양파 1/2개

긴 채소: 당근 1/2개

근사한 술집
부럽지 않아
술안주&야식

구워서 기름이 쏙 빠진
구운치킨

술안주&야식
1위

총 시간
90
분

분량
2인분

 에어프라이어 온도
200도

 에어프라이어 시간
20분 뒤집고 **20분**

 종이포일

 재료

닭고기(닭볶음탕용) 1마리(1kg), 우유 2종이컵

밑간 재료 허브소금 1숟가락, 올리브유 4숟가락, 후춧가루 약간

↳ 허브소금 대신 맛소금에 오레가노, 바질 가루 등을 섞어 사용해도 좋아요.

 레시피

1 썻은 닭에 우유를 부은 후 닭이 잠길 만큼 물을 붓고 15분 정도 재워요.

두꺼운 부위는 칼집을 넣어주면 잘 익어요.

2 닭(**1**)은 한 번 헹궈서 물기를 제거한 후 **밑간 재료**에 버무려 30분 정도 재워요.

3 에어프라이어에 종이포일을 깔고 밑간한 닭을 넣은 뒤 **200도**에 **20분** 동안 구워요.

4 뒤집어서 **20분** 더 구워 완성해요.

술안주&야식
2위

총 시간
40
분

잡내 없이 깔끔한
미소삼겹살구이

 분량
2인분

 에어프라이어 온도
180도

 에어프라이어 시간
10분 뒤집고 **12분**

 종이포일

재료

삼겹살 5줄(400g)

양념 재료
미소된장 2숟가락
물 2숟가락
간장 1/3숟가락
맛술 1/2숟가락
올리고당 1숟가락
설탕 1/2숟가락

 레시피

바싹 굽고 싶으면
5분 가량 더
구워도 좋아요.

1 **양념 재료**를 모두 섞고 삼겹살을 넣어 10분간 재워요.

2 에어프라이어에 종이포일을 깔고 삼겹살을 넣은 뒤 **180도**에서 **10분** 구워요.

3 뒤집은 뒤 **12분**간 더 구워 완성해요.

분량
2인분

에어프라이어 온도
180도

에어프라이어 시간
10분

내열용기

술안주&야식
3위

총 시간
15
분

술안주 & 야식

재료

통조림 옥수수 1캔(340g)
마요네즈 5숟가락
슈레드 모차렐라치즈 1종이컵
설탕 2숟가락
소금 약간
후춧가루 약간
파슬리 가루 약간

조연에서 주연으로
콘치즈

레시피

1 통조림 옥수수, 마요네즈, 설탕, 소금, 후춧가루를 섞은 뒤 내열용기에 넣고 슈레드 모차렐라치즈를 뿌려요.

2 에어프라이어에 **1**을 넣고 **180도**에서 **10분**간 구워요.

3 파슬리 가루를 뿌려 완성해요.

담백해서 자꾸 생각나

이자카야
두부튀김

분량
4인분

 에어프라이어 온도
180도

 에어프라이어 시간
10분 뒤집고 **10분**

 종이포일

 재료

두부 1모(300g), 쪽파 1대, 가쓰오부시 1/2종이컵, 간 무 2숟가락, 전분 1/2종이컵, 쯔유 3숟가락

선택 재료 와사비

└→ 무를 강판에 갈아 가볍게 물기를 짜요.

 레시피

1 두부는 키친타월이나 면보로 5분 정도 눌러 물기를 제거해요.

2 물기를 제거한 두부를 4등분 한 후 전분을 골고루 입혀요.

오일 스프레이로 뿌리면 좋아요.

3 에어프라이어에 종이포일을 깔고, 두부를 넣은 뒤 식용유를 고루 뿌려요.

4 **180도**에서 **10분**간 구운 뒤 뒤집어 **10분** 더 구워요.

5 접시에 구운 두부를 올린 뒤 그 위에 간 무를 올리고, 쯔유를 뿌려요.

취향에 따라 와사비를 넣어 먹어요.

6 쪽파를 송송 썰어 가쓰오부시와 함께 두부에 올려 완성해요.

기름 튈 걱정 없이 가뿐하게

통삼겹살구이

술안주&야식
5위

총 시간
60
분

| 분량
4인분 | 에어프라이어 온도
200도 | 에어프라이어 시간
20분 뒤집고 **15분** 뒤집고 통마늘 넣고 **15분** | 종이포일 |

재료
통삼겹살 2팩(1kg), 허브소금 1숟가락, 통마늘 10개
↳ 허브소금 대신 맛소금에 오레가노, 바질 가루 등을 섞어 사용해도 좋아요.

레시피

1 통삼겹살에 칼집을 격자무늬로 깊게 내요.

2 허브소금을 전체적으로 골고루 뿌려요.

3 에어프라이어에 종이포일을 깔고 통삼겹살을 넣은 뒤 **200도**에서 **20분**간 구워요.

4 뒤집어서 **15분**간 더 구워요.

5 다시 뒤집어서 통마늘을 넣고 **15분**간 더 구워요.

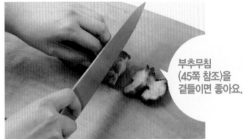

부추무침
(45쪽 참조)을
곁들이면 좋아요.

6 한 김 식혀서 먹기 좋은 크기로 썰어 완성해요.

술안주 & 야식

술안주&야식
6위

총 시간
20
분

맥주를 부르는 별미안주
오징어버터구이

분량
3인분

 에어프라이어 온도
160도

 에어프라이어 시간
10분 뒤집고 **5분**

 종이포일

 재료

오징어 2마리, 버터 4숟가락, 설탕 3숟가락, 소금 약간, 후춧가루 약간, 파슬리 가루 약간

 레시피

칼집을 내면 구울 때 덜 오그라들어요.

1 오징어는 내장을 빼고 가른 뒤 펼쳐 양쪽에 2cm씩 칼집을 내요.

버터는 미리 실온에 두어 부드럽게 만들어주세요.

2 볼에 버터, 설탕, 파슬리 가루를 넣고 섞어요.

3 오징어의 양면에 **2**를 바르고 소금, 후춧가루를 뿌려요.

4 에어프라이어에 종이포일을 깔고 오징어를 넣어 **160도**에서 **10분** 굽고 뒤집어 **5분** 더 구워 완성해요.

술안주&야식
7위

총 시간
15
분

분량
2인분

에어프라이어 온도
190도

에어프라이어 시간
5분

종이포일

마른 안주 끝판왕
풀치구이

재료

풀치 2줌

소스 재료

마요네즈 2숟가락

간장 1/2숟가락

와사비 1/2숟가락

다진 땅콩 1/2숟가락

레시피

1 풀치에 식용유 1/2숟가락을 넣고 가볍게 섞어요.

2 에어프라이어에 종이포일을 깔고 풀치를 넣어 **190도**에서 **5분**간 구워 식혀요.

3 **소스 재료**로 소스를 만들고 풀치에 곁들여 완성해요.

분량
4인분

에어프라이어 온도
180도

에어프라이어 시간
7분 뒤집고 **5분**

종이포일

꼬치

재료

팽이버섯 1/2봉
방울토마토 6개
메추리알 3개
베이컨 12줄

선택 재료

데리야끼소스 적당량

오늘은 내가 심야식당 주인장

베이컨꼬치

술안주&야식
8위

총 시간
30
분

레시피

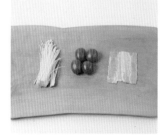

데리야끼소스에
찍어 먹으면
더욱 맛있어요.

1 팽이버섯은 밑동을 잘라내고, 방울토마토는 꼭지를 떼고, 베이컨은 2등분 해요.

2 베이컨 위에 손질한 팽이버섯과 방울토마토, 메추리알을 놓고 돌돌 말아 꼬치에 끼워요.

3 에어프라이어에 종이포일을 깔고 꼬치(**2**)를 올린 뒤 **180도**에서 **7분**간 굽고 뒤집어 **5분** 더 구워 완성해요.

와인이랑 찰떡궁합
족발샐러드

술안주&야식
9위

총 시간
30
분

| 분량 **2인분** | 에어프라이어 온도 **180도** | 에어프라이어 시간 **8분** 대파,버섯 넣고 **5분** | 종이포일 |

재료

납작 썬 족발 1/2팩(200g), 부추 1줌, 치커리 1줌, 양송이버섯 2개, 팽이버섯 1줌, 느타리버섯 1줌, 대파 1대

드레싱 재료 간장 4숟가락, 식초 2숟가락, 설탕 1숟가락, 고추기름 1숟가락, 깨소금 2숟가락

레시피

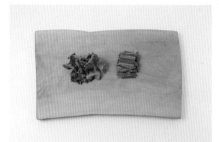

1 치커리와 부추는 3cm 길이로 썰어요.

2 양송이버섯은 2등분 하고 팽이버섯과 느타리버섯은 밑동을 자르고 대파는 4cm 크기로 썰어요.

3 볼에 **드레싱 재료**를 넣고 드레싱을 만들어요.

4 에어프라이어에 종이포일을 깔고 족발을 넣은 뒤 **180도**에서 **8분**간 구워요.

5 양송이버섯, 팽이버섯, 느타리버섯, 대파를 **4**에 넣고 **5분** 더 구워요.

6 접시에 치커리와 부추, 족발(**5**)을 담고 드레싱을 올려 완성해요.

술안주 & 야식

술안주&야식
10위

총 시간
20
분

꼬치에 꽂히다
매운순대꼬치

분량
2인분

 에어프라이어 온도
180도

에어프라이어 시간
7분 뒤집고 **5분** 양념장 바르고 **2분**

 종이포일
꼬치

 재료

순대 1/2팩(400g), 다진 땅콩 2숟가락

양념 재료 고추장 1숟가락, 올리고당 1숟가락, 케첩 2숟가락, 칠리소스 1숟가락

 레시피

1 순대를 1.5cm 두께로 썰어 꼬치에 3개 씩 꽂아요.

2 볼에 **양념 재료**를 넣고 양념장을 만들어요.

3 에어프라이어에 종이포일을 깔고 꼬치 를 올린 뒤 **180도**에서 **7분**간 굽고 뒤집어 **5분** 더 구워 완성해요.

4 양념장을 바르고 **2분** 더 구워요.

5 다진 땅콩을 뿌려 완성해요.

술안주 & 야식

총 시간
20분

이제는 파닭 말고 파만두가 대세!
파만두

 분량
2인분

 에어프라이어 온도
180도

 에어프라이어 시간
10분 뒤집고 **5분**

 종이포일

재료

냉동 물만두 1/3봉
(200g)
대파 3대

양념 재료
간장 2숟가락
연겨자 1/2숟가락
식초 1숟가락
올리고당 2숟가락
물 3숟가락

 레시피

찬물에 담그면
매운맛을 제거
할 수 있어요.

1 에어프라이어에 종이포일을
깐 후 만두를 담고 식용유를
뿌려 180도에 **10분** 굽고 뒤
집어 **5분** 구워요.

2 대파는 길게 칼집을 넣고 굵
은 심지를 뺀 뒤 말아서 얇
게 채 썰어요.

3 볼에 **양념 재료**를 섞고 대파
에 넣어 버무린 뒤 만두와
곁들여 완성해요.

분량
2인분

에어프라이어 온도
200도

에어프라이어 시간
7분

종이포일

재료

먹태 1마리

소스 재료
마요네즈 2숟가락
간장 1/2숟가락
청양고추 1/2개

술안주&야식
12위

총 시간
10
분

이보다 쉬울 수는 없다
먹태구이

레시피

1 먹태는 먹기 좋은 크기로 찢
거나 잘라요.

2 에어프라이어에 종이포일
을 깔고 먹태를 올려 **200도**
에서 **7분**간 구워요.

3 볼에 **소스 재료**를 넣고 섞어
딥핑소스를 만든 뒤 먹태구
이에 곁들여 완성해요.

036
037

안주는 물론 주전부리로도 OK!

쥐포
버터구이

 재료

쥐포 4장, 버터 1숟가락, 파슬리 가루 1숟가락, 물엿 1숟가락

소스 재료 마요네즈 3숟가락, 와사비 1/2숟가락

 레시피

1 쥐포는 먹기 좋은 크기로 자르고 버터
는 다져요.

2 에어프라이어에 종이 포일을 깔고 쥐포
를 펼쳐 담은 후 물엿, 다진 버터, 파슬
리 가루를 고루 뿌려요.

3 **180도**에서 **8분** 구운 뒤 뒤집어 **5분** 더 구
워 완성해요.

4 볼에 **소스 재료**를 넣고 섞어 소스를 만들
고 쥐포구이에 곁들여 완성해요.

술안주 & 야식

생감자라 더 포슬포슬해
허브웨지감자

분량 **2인분** | 에어프라이어 온도 **180도** | 에어프라이어 시간 **20분** 뒤집고 **15분** | 종이포일

 재료

감자 3개

양념 재료 올리브유 4숟가락, 소금 1/2숟가락, 후춧가루 약간, 바질 가루 1숟가락, 파슬리 가루 1숟가락

소스 재료 바질페스토 2숟가락, 마요네즈 2숟가락, 후춧가루 약간

 레시피

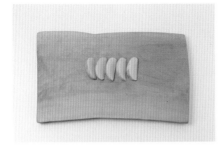

1 감자는 껍질째 웨지 모양으로 썰어요.

2 감자에 **양념 재료**를 넣어 버무려요.

3 종이포일을 깐 에어프라이어에 감자(**2**)를 올린 뒤 **180도**에서 **20분**간 굽고 뒤집어 **15분**간 더 구워요.

4 **소스 재료**를 섞어 소스를 만들고 감자에 곁들여 완성해요.

술안주 & 야식

피자에만 들어가는 줄 알았지?
올리브튀김

 분량
2인분

 에어프라이어 온도
170도

에어프라이어 시간
15분

 종이포일

술안주&야식
15위

총 시간
30분

재료

블랙올리브 15개
그린올리브 15개
튀김 가루 1/2종이컵
빵가루 1종이컵
달걀 1개

 레시피

짠맛이 싫다면 찬물에
2~3시간 정도
담가두었다가 물기를
빼서 사용해요.

1 올리브는 체에 밭쳐 물기를 없애요. 달걀은 풀어 달걀 물을 만들어요.

2 올리브에 튀김 가루 ⇨ 달걀 물 ⇨ 빵가루 순으로 튀김옷을 입혀요.

3 에어프라이어에 종이포일을 깔고 **2**를 담아요. 식용유를 뿌린 뒤 **170도**에서 **15분**간 구워 완성해요.

분량
4인분

에어프라이어 온도
180도

에어프라이어 시간
15분 뒤집고 **10분**

종이포일

재료

손질 돼지껍데기 1팩
(500g)
후춧가루 약간
맛소금 약간

삶는 재료
된장 1숟가락
소주 1/2종이컵
파뿌리 2~3개

쫀득쫀득~ 씹을수록 고소해
돼지껍데기구이

술안주&야식
16위

총 시간
40
분

레시피

돼지껍데기가
돌돌 말리면
꺼내요.

돼지껍데기가 식어서 질겨지면
에어프라이어에 넣고 180도에서
2~3분 정도 구워 먹으면 돼요.

1 냄비에 물 6종이컵과 **삶는 재료**를 넣어 끓어오르면 돼지껍데기를 넣고 중불에서 10분 정도 데쳐 건져요.

2 돼지껍데기를 한입 크기로 썰고 맛소금, 후춧가루로 간해요.

3 에어프라이어에 종이포일을 깔고 **2**를 넣어요. **180도**에서 **15분** 구운 뒤 뒤집어서 **10분** 더 구워 완성해요.

느끼함은 잡고 맛은 살리는
곁들임 무침 3종

뭐니 뭐니 해도 상큼한 야채 무침이 있어야 고기의 맛을 제대로 즐길 수 있죠.
고기와 궁합이 딱! 맞는 삼총사를 소개해 드릴게요.

천연 소화제!
무생채

무 ½개(600g)
대파 ⅛대
참기름 ½숟가락
통깨 약간

양념 재료
고춧가루 2숟가락
설탕 1+½숟가락
소금 ½숟가락
다진 마늘 ½숟가락
식초 1+½숟가락

> 여름 무는 쓴맛이 강해
> 소금과 설탕에 절인 뒤
> 사용해요.

> 아삭한 식감을 원한다면
> 무를 굵게 채 썰어요.
> 무를 얇게 썰면 양념이
> 잘 배어요.

1 대파는 송송 썰고 무는 얇게 채 썰어요.

2 볼에 무와 대파, **양념 재료**를 넣고 잘 버무려요.

3 참기름을 넣고 가볍게 무친 후 통깨를 뿌려 완성해요.

라면 끓이기보다 쉬워요

아삭이고추
된장무침

아삭이고추 10개

양념 재료

된장 1숟가락
고추장 1숟가락
다진 마늘 ½숟가락
매실액 1숟가락
참기름 1숟가락
통깨 1숟가락

1 아삭이고추는 깨끗이 씻어 물기를 뺀 뒤 1cm 길이로 송송 썰어요.

2 볼에 **양념 재료**를 넣고 양념장을 만들어요.

3 볼에 아삭이고추와 양념장을 넣고 버무려 완성해요.

술안주 & 야식

고기와 환상의 커플

부추무침

부추 1줌(100g)
통깨 약간

양념 재료

간장 1숟가락
고춧가루 2숟가락
설탕 1숟가락
식초 1숟가락
다진 마늘 ½숟가락
참기름 1숟가락

1 부추는 먹기 좋은 크기로 썰어요.

2 볼에 **양념 재료**를 넣고 양념장을 만들어요.

3 부추, 양념장을 넣고 살살 섞은 뒤 통깨를 뿌려 완성해요.

700만이 뽑은 에어프라이어 맛보장 요리

열풍으로
반찬도 손쉽게!
특별한 반찬

통조림의 무한변신
꽁치튀김

반찬 요리
1위

총 시간
30
분

분량
2인분

 에어프라이어 온도
160도

 에어프라이어 시간
10분 뒤집고 **10분**

 종이포일

 재료

통조림 꽁치 1캔(400g), 튀김가루 2종이컵, 파슬리 가루 약간

와사비간장 재료 간장 2숟가락, 와사비 1/3숟가락, 설탕 1/2숟가락, 식초 1/2 숟가락

 레시피

1 통조림 꽁치를 체에 받쳐 물기를 뺀 뒤 튀김가루를 입혀요.

2 에어프라이어에 종이포일을 깔고 꽁치를 넣고 파슬리 가루와 식용유를 뿌려요.

3 **160도**에 **10분**간 구워요.

4 뒤집어서 **10분**간 더 구워요.

5 **와사비간장 재료**를 섞고 꽁치튀김에 곁들여 완성해요.

골라 먹는 재미가 쏠쏠한 두 가지 맛

양념갈비구이

반찬 요리
2위

총 시간
40
분

분량 **4인분**   에어프라이어 온도 **180도** 에어프라이어 시간 간장양념 **15분** 소금양념 **15분**   종이포일

 재료

소갈비살 2팩(800g), 양파 1/4개

간장양념 재료 간장 2숟가락, 굴소스 1숟가락, 설탕 1 + 1/2숟가락, 맛술 1숟가락, 청주 1숟가락
매실액 1/3숟가락, 마늘 1/3숟가락, 후춧가루 약간

소금양념 재료 설탕 2숟가락, 소금 1/2숟가락, 참기름 1숟가락, 마늘 가루 1/4숟가락, 후춧가루 약간

선택 재료 와사비 또는 겨자

 레시피

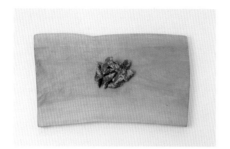

1 소갈비살을 먹기 좋은 크기로 썰어요.

2 절반은 **간장양념 재료**에, 나머지 절반은 **소금양념 재료**에 버무려요.

3 에어프라이어에 종이포일을 깔고 소금 양념 소갈비살을 넣어 **180도**에서 **15분** 구워요.

4 같은 방식으로 간장양념 소갈비살도 구 워요.

와사비나
겨자를 찍어
먹어도 맛있어요.

5 양파는 얇게 채 썰어 찬물에 5~10분간 담근 후 체에 밭쳐 물기를 제거하고 양 념갈비구이에 곁들여 완성해요.

기력 보충해주는 보양반찬
도라지맛탕

분량
2인분

 에어프라이어 온도
170도

 에어프라이어 시간
10분 뒤집고 **5분**

 종이포일

 재료

깐도라지 1/2팩(200g), 찹쌀가루 5숟가락, 식초 2숟가락

양념 재료 포도씨유 1숟가락, 검은깨 1/2숟가락, 설탕 1숟가락, 물엿 1숟가락, 물 1숟가락

 레시피

1 식초 2숟가락을 섞은 물 3종이컵에 도라지를 3시간 정도 담가 쓴맛을 빼요.

2 흐르는 물에 헹군 뒤 체에 밭쳐 물기를 제거해요.

3 도라지 표면에 찹쌀가루를 묻혀요.

4 에어프라이어에 종이포일을 깔고 도라지를 넣은 뒤 **170도**에서 **10분**간 굽고 뒤집어서 **5분** 더 구워요.

5 달군 팬에 **양념 재료**를 넣고 중불로 가열해요.

6 끓으면 도라지를 넣고 약불에서 버무린 뒤 검은깨를 뿌려 완성해요.

반찬 요리

배달 대신 홈메이드

간장닭날개구이

반찬 요리
4위

총 시간
50
분

분량
2인분

 에어프라이어 온도
180도

 에어프라이어 시간
15분 뒤집고 **10분**

 종이포일

 재료

닭날개 15개, 우유 1종이컵

소스 재료 간장 1숟가락, 굴소스 1/3숟가락, 올리고당 1숟가락, 다진 마늘 1숟가락, 맛술 1숟가락
소금 약간, 후춧가루 약간

 레시피

1 닭날개는 깨끗이 씻어 우유에 10분간 담가요.

2 가볍게 헹궈 물기를 제거한 뒤 앞뒤로 어슷하게 칼집을 내요.

3 큰 볼에 **소스 재료**를 넣고 섞은 뒤 닭날개를 넣고 버무려 10분간 재워요.

4 에어프라이어에 종이포일을 깔고 닭날개를 담은 뒤 **180도**에서 **15분**간 구워요.

5 뒤집어서 **10분** 더 구워 완성해요.

반찬 요리

껍질이 과자처럼 바삭바삭해

꽃게강정

반찬 요리
5위

총 시간
40
분

분량 **2인분** |  에어프라이어 온도 **200도** | 에어프라이어 시간 **10분** 뒤집고 식용유 뿌리고 → **10분** | 종이포일

 재료

절단 꽃게 1팩(500g), 소주 1종이컵, 전분 1종이컵, 마늘 7개, 대파 1대, 청양고추 1개, 홍고추 1개

양념 재료 간장 2숟가락, 청주 1숟가락, 설탕 1숟가락, 굴소스 1/2숟가락, 다진 생강 1/2숟가락

 레시피

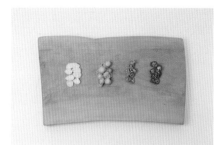

1 마늘은 얇게 썰고 대파, 청양고추, 홍고추는 송송 썰어요.

2 꽃게는 소주에 5~10분 담가 비린내를 제거하고, 물에 헹궈서 체에 밭쳐요.

3 꽃게 다리 끝은 잘라내요. 꽃게에 전분을 골고루 묻혀 종이포일을 깐 에어프라이어에 담은 뒤 식용유를 뿌려요.

4 **200도**에서 **10분**간 구운 뒤 뒤집어서 식용유를 뿌리고 **10분** 더 구워요.

5 팬에 식용유 3숟가락을 두르고, 마늘, 대파, 청양고추, 홍고추를 중불로 볶아요.

6 매콤한 향이 나면 **양념 재료**와 꽃게(**4**)를 넣고 재빠르게 볶아 완성해요.

반찬 요리

짭조름함에 싸인 포근함

감자사라다 베이컨말이

분량
2인분

에어프라이어 온도
180도

에어프라이어 시간
10분

종이포일

재료

삶은 감자 2개
↳ 랩에 씌운 뒤 전자레인지에
8~9분 돌리면 간편하게
준비할 수 있어요.

통조림 옥수수 4숟가락
베이컨 7줄
꿀 1숟가락
버터 2숟가락
후춧가루 약간

선택 재료
갈릭마요네즈

반찬 요리
6위

총 시간
20분

레시피

갈릭마요네즈에
찍어 먹으면 더욱
맛있어요.

1 삶은 감자는 껍질을 벗겨 으깨고 통조림 옥수수, 꿀, 버터, 후춧가루를 넣어 섞어요.

2 감자반죽(**1**)을 타원형으로 뭉쳐서 베이컨으로 말아요.

3 에어프라이어에 종이포일을 깔고 **2**를 올린 뒤 **180도**에서 **10분**간 구워 완성해요.

분량
2인분

 에어프라이어 온도
180도

 에어프라이어 시간
15분 채소 넣고 **7분**

 종이포일

 재료

손질 막창 2봉(400g)
⌐ 막창 대신 대창을
  사용해도 좋아요.

밥 2공기
마늘 8개
대파 1/4대
달걀노른자 2개
불닭소스 적당량

반찬 요리
7위

총 시간
30
분

에어프라이어의 신세계
막창덮밥

 레시피

막창이나 대창은
제품에 따라 해동
하거나 데쳐서
사용해야 하는
경우도 있어요.

1 에어프라이어에 종이포일
을 깔고 막창을 담아 **180도**
에서 **15분**간 구워요.

2 대파를 한입 크기로 썰어 통
마늘과 함께 **1**에 넣고 **7분**간
더 구워요.

3 그릇에 밥과 **2**를 담은 뒤 불
닭소스를 뿌리고 달걀노른
자를 올려 완성해요.

가볍고 깔끔한 한 끼

통오징어샐러드

반찬 요리
8위

총 시간
20
분

분량
2인분

 에어프라이어 온도
160도

 에어프라이어 시간
10분 뒤집고 **5분**

 종이포일

 재료

오징어 1마리, 샐러드 채소 1줌

밑간 재료　간장 1/2숟가락, 다진 양파 1숟가락, 식용유 1/2숟가락

드레싱 재료　간장 2숟가락, 식초 2숟가락, 참기름 1숟가락, 다진 양파 2숟가락, 다진 마늘 1숟가락,
　　　　　　발사믹식초 1/2숟가락, 깨소금 1숟가락

 레시피

가위로 하면
훨씬 편해요.

1 오징어는 내장을 빼고 씻은 뒤 반으로
접어 칼집을 내요.

2 **밑간 재료**를 잘 섞어 오징어 겉과 속에
발라요.

3 볼에 **드레싱 재료**를 넣고 드레싱을 만들
어요.

4 에어프라이어에 종이포일을 깔고 오징
어를 넣은 뒤 **160도**에서 **10분**간 굽고 뒤
집어 **5분** 더 구워요.

구운 채소를
올려도 좋아요.

5 접시에 통오징어와 샐러드 채소를 올리
고, 드레싱을 곁들여 완성해요.

반찬 요리

소스가 부드럽게 착착 감기는
크림마요만두

| | |

 재료

냉동 물만두 20개, 쪽파 2대

소스 재료 마요네즈 3숟가락, 연유 2숟가락, 소금 약간, 식초 1 + 1/2숟가락

 레시피

1 에어프라이어에 종이포일을 깔고 식용
유를 뿌려요. 물만두를 넣고 물을 살짝
뿌려요.

2 물만두를 **180도**에서 **10분**간 구워요.

3 쪽파는 송송 썰어요.

4 볼에 **소스 재료**를 넣고 소스를 만들어요.

5 접시에 만두와 쪽파를 얹고 소스를 뿌
려 완성해요.

반찬 요리

한 공기 더! 외치게 하는 밥도둑
고추장고갈비

반찬 요리
10위

총 시간
40
분

| 분량 **2인분** | 에어프라이어 온도 **180도** | 에어프라이어 시간 **10분** 뒤집고 **10분** 양념장 바르고 **160도 10분** | 종이포일 |

 재료

손질 고등어 1마리, 통깨 약간

양념 재료 고추장 2숟가락, 간장 2숟가락, 맛술 1숟가락, 다진 대파 1숟가락, 다진 마늘 1/3숟가락, 설탕 1/3숟가락, 마요네즈 1/2숟가락, 후춧가루 약간

 레시피

1 볼에 **양념 재료**를 넣고 섞어 양념장을 만들어요.

2 에어프라이어에 종이포일을 깔고 고등어의 껍질이 바닥에 닿게 담은 뒤 **180도**에서 **10분**간 구워요.

3 뒤집어서 **10분** 구워요.

4 에어프라이어 바스켓을 꺼내서 고등어에 양념장을 고루 발라요.

중간중간 타지 않았는지 열어 확인해요.

5 **160도**에서 **10분**간 더 구워 완성해요.

반찬 요리

반찬 요리
11위

총 시간
20
분

힘이 불끈 솟아나요
전복버터구이

 분량
2인분 | 에어프라이어 온도
200도 | 에어프라이어 시간
10분 | 종이포일

 재료

전복 4개

소스 재료 다진 마늘 1/2숟가락, 파슬리 가루 1/3숟가락, 올리브유 2숟가락, 버터 2숟가락, 소금 약간
후춧가루 약간

반찬
요리

 레시피

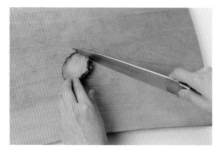

1 전복을 부드러운 솔로 잘 닦아서, 내장
과 입 부분을 제거한 뒤 살을 분리해요.

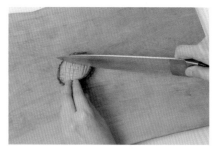

2 전복 윗면에 격자 무늬로 칼집을 내요.

3 볼에 **소스 재료**를 넣고 소스를 만들어요.

4 전복에 소스를 바른 뒤 종이포일을 2겹
깐 에어프라이어에 넣고 **200도**에서 **10분**
간 구운 뒤 전복껍질에 담아 완성해요.

태울 걱정 없이 맛있게
고추장삼겹살

반찬 요리
12위

총 시간
30
분

분량
2인분

 에어프라이어 온도
180도

 에어프라이어 시간
10분 뒤집고 **5분** 양념 바르고 **5분**

 종이포일

 재료

삼겹살 5줄(400g), 허브소금 1/2숟가락

양념 재료 고추장 2숟가락, 다진 마늘 1숟가락, 매실액 1숟가락, 고춧가루 1/2숟가락, 간장 1숟가락,
올리고당 1/2숟가락, 참기름 1/2숟가락

 레시피

1 볼에 **양념 재료**를 넣고 섞어 양념장을 만들어요.

2 에어프라이어에 종이포일을 깔고 삼겹살을 넣은 뒤 허브소금을 뿌려요.

3 **180도**에 **10분** 구운 뒤 뒤집어서 **5분** 구워요.

4 양념장을 앞뒤로 골고루 발라요.

중간에 한 번
뒤집어야 타지
않고 고루 익어요.

5 **5분**간 더 구워 완성해요.

반찬 요리
13위

총 시간
20
분

냄새와 연기 걱정 없는
조기구이

분량
2인분

 에어프라이어 온도
200도

에어프라이어 시간
12분 뒤집고 **5분**

 재료

손질 조기 2마리

 레시피

1 조기에 칼집을 내요.

2 조기 표면에 식용유를 발라요.

종이 포일을 깔면
눅눅할 수 있고,
시간이 더 걸려요.

3 에어프라이어에 조기를 넣어 **200도**에
   서 **12분**간 구워요.

4 뒤집어서 **5분** 더 구워 완성해요.

기름지지 않은 중화요리
두반장가지볶음

분량
2인분

 에어프라이어 온도
190도

 에어프라이어 시간
10분 뒤집고 **10분**

 종이포일

 재료

가지 1개, 청피망 1/2개, 홍피망 1/2개, 대파 1대, 마늘 1개, 고추기름 2숟가락, 소금 약간, 후춧가루 약간, 감자전분 1/3종이컵, 참기름 약간, 통깨 약간

양념 재료 두반장 1숟가락, 스위트칠리소스 2숟가락, 간장 1/2숟가락, 굴소스 1/2숟가락

 레시피

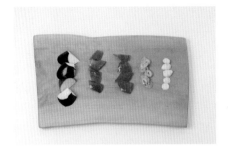

1 가지, 청피망, 홍피망은 한입 크기로 썰고, 대파는 송송 썰고, 마늘은 납작 썰어요.

2 가지에 소금, 후춧가루로 밑간하고 물기가 생기면 감자전분을 넣어 버무려요.

3 에어프라이어에 종이포일을 깔고 가지를 올리고 식용유를 뿌려요.

4 **190도**에서 **10분** 구운 뒤 뒤집어 **10분** 더 구워요.

5 달군 팬에 고추기름과 대파, 마늘을 넣어 향이 올라오면 청피망, 홍피망을 넣어 중불로 볶아요.

6 **양념 재료**를 **5**에 넣어 가볍게 볶다가 튀긴 가지를 넣어 가볍게 버무린 뒤 참기름과 통깨를 뿌려 완성해요.

반찬 요리
15위

총 시간
30
분

보들보들하고 풍성하게
달걀찜

 분량
2인분

 에어프라이어 온도
180도

 에어프라이어 시간
10분 뒤적이고 **10분**

 내열용기

재료

달걀 2개
다진 대파 2숟가락
다진 당근 2숟가락
소금 약간
후춧가루 약간
물 1종이컵

선택 재료
쪽파

 레시피

1 볼에 모든 재료를 넣고 섞어요.

2 내열용기에 1을 2/3 정도 채워 넣어 에어프라이어에 담고 **180도**에 **10분**간 구워요.

마지막에
송송 썬 쪽파를
뿌려도 좋아요.

3 뒤적인 후 다시 **10분**간 구워 완성해요.

분량
6인분

에어프라이어 온도
180도

에어프라이어 시간
5분

종이포일

반찬 요리

반찬 요리
16위

총 시간
10
분

재료

김 적당량
참기름 약간
소금 약간

할머니가
구워주시던 그 맛
김구이

레시피

가벼운 재료를 구울 때는 종이포일이 탈 수 있으니 조심하세요.

양이 넉넉할 때는 세로로 세워서 구우면 좋아요. 사이사이로 열풍이 들어가 고루 구워져요.

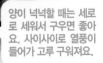

1 김의 한 면에 참기름을 바르고 소금을 뿌려요.

2 김을 가위로 6등분 해요.

3 에어프라이어에 종이포일을 깔고 김을 **180도**에 **5분**간 구워 완성해요.

상큼하게 아삭아삭!
곁들임 피클 & 장아찌 3종

튀김이나 구이에 빠질 수 없는 피클과 장아찌! 미리미리 만들어놓고
에어프라이어 요리에 곁들여 먹으면 좋겠죠? 특히 에어프라이어 단골 요리,
치킨에 빠질 수 없는 치킨무는 아이들도 참 좋아해요.

아삭아삭 놀라운 식감
양파장아찌

양파 6개
청양고추 6개

절임물 재료
간장 2종이컵
식초 2종이컵
설탕 2종이컵
물 4종이컵

1 용기는 열탕 소독해 말려요.

2 양파는 나박 썰고 청양고추는 송송 썰어요.

3 냄비에 **절임물 재료**를 넣고 끓여요.

4 용기에 양파와 청양고추를 번갈아 담은 후
뜨거운 절임물을 부어 1~2시간 상온에서 숙
성한 뒤 냉장고에 보관해요.

상큼하고 달콤하게!

오이피클

오이 3개
양배추 1/4개
빨강 파프리카 1개
노랑 파프리카 1개

절임물 재료
식초 1종이컵
설탕 1종이컵
물 2종이컵
소금 약간

1 채소는 먹기 좋은 크기로 썰어요.
2 냄비에 **절임물 재료**를 넣고 설탕이 녹을 때까지 한소끔 끓여요.
3 열탕 소독한 유리병에 채소를 담고 절임물을 부어 완성해요.

치킨의 베스트프렌드

치킨무

무 ½개(1200g)

절임물 재료
물 1종이컵
설탕 2+⅓종이컵
식초 3종이컵
소금 1숟가락

1 유리병은 열탕소독해요.
2 무는 껍질을 벗기고 깍둑썰기 해요.
3 냄비에 **절임물 재료**를 넣고 센 불에서 한소끔 끓여요
4 열탕소독한 병에 무를 넣고 절임물(3)을 뜨거울 때 붓고 차게 식힌 후 뚜껑을 덮어 완성해요.

700만이 뽑은 에어프라이어 맛보장 요리

기름은 쏙 빼고
식감은 살리고!
다이어트 요리

다이어트 요리
1위

총 시간
60
분

오독오독 씹는 맛이 매력적인
고구마스틱

분량
2인분

 에어프라이어 온도
180도

 에어프라이어 시간
5분 (뒤집으며 4번 반복)

 종이포일

재료

고구마 2개, 올리브유 적당량, 소금 약간, 후춧가루 약간

레시피

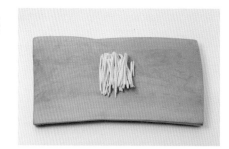

1 고구마 껍질을 벗겨 0.3cm 두께로 채
썰어요.

2 찬물에 고구마를 30분 정도 담가 전분
기를 빼고 체에 밭쳐요.

3 물기가 빠지면 전자레인지에 2~3분간
돌려 수분을 제거해요.

4 에어프라이어에 종이포일을 깔고 고구
마를 담은 뒤 소금, 후춧가루, 올리브유
를 뿌려요.

오래 보관하면
질겨지니 1~2일
안에 드세요.

5 **180도**에서 **5분**간 굽고 뒤집으며 **4번 반
복**해 완성해요.

맛도 만점! 영양도 만점!
브로콜리구이

분량
2인분

 에어프라이어 온도
150도

에어프라이어 시간
10분

 종이포일

 재료

브로콜리 1개(350g), 올리브유 1숟가락, 허브소금 1/3숟가락

 레시피

브로콜리에 물기가 있어야 딱딱하지 않게 구워져요.

1 브로콜리는 깨끗이 씻어 물기가 있는 상태에서 먹기 좋은 크기로 잘라요.

2 에어프라이어에 종이포일을 깔고 올리 브유 1/2숟가락을 뿌려요.

3 브로콜리를 넣고 올리브유 1/2숟가락 을 뿌린 뒤 **150도**에서 **10분**간 구워요.

4 구워진 브로콜리에 허브소금을 뿌리고 가볍게 버무려 완성해요.

다이어트 요리

083

밥만큼이나 든든한 한 끼
구운채소샐러드

분량
3인분

 에어프라이어 온도
190도

 에어프라이어 시간
15분 뒤집고 **10분**

 종이포일

 재료

방울토마토 8개, 마늘 6개, 미니파프리카 3개, 새송이버섯 2개, 애호박 1/4개

밑간 재료 소금 약간, 후춧가루 약간, 올리브유 1 + 1/2숟가락

선택 재료 어린잎채소 적당량, 발사믹크림 약간

 레시피

어슷한 모양으로
일정하지 않게 깍둑
썰어야 멋스러워요.

가지, 버섯, 양파 등
냉장고 속 자투리 채소를
자유롭게 활용해요.

1 방울토마토와 마늘은 꼭지를 떼고, 미니파프리카, 새송이버섯, 애호박은 먹기 좋게 썰어요.

2 위생비닐에 손질한 채소(**1**)와 **밑간 재료**를 넣어 버무려요.

3 에어프라이어에 종이포일을 깔고 밑간한 채소(**2**)를 담은 후 **190도**에서 **15분** 구운 다음 뒤집어 **10분**간 더 구워요.

4 접시에 구운 채소를 담고 어린잎채소를 올린 뒤 발사믹크림을 뿌려 완성해요.

호호 불어가며 먹어야 제맛
군고구마

분량
2인분

에어프라이어 온도
200도

에어프라이어 시간
20분 뒤집고 **10분**

종이포일

다이어트 요리
4위

총 시간
35
분

재료
고구마 4개

레시피

큰 고구마는
2등분 해서
넣으면 빠르게
익어요.

젓가락으로 찔렀을 때
부드럽게 들어가면 다
익은 거예요.

1 고구마는 물에 깨끗이 닦아요.

2 에어프라이어에 종이포일을 깔고 **200도**에서 **20분**간 구워요.

3 뒤집어서 **10분**간 더 구워 완성해요.

분량
2인분

에어프라이어 온도
180도

에어프라이어 시간
10분 뒤집고 **10분**

종이포일

재료

단호박 1/3통
소금 약간
후춧가루 약간

담백함 속 은은한 달콤함
단호박구이

레시피

다이어트 요리
5위

총 시간
30
분

1 단호박은 반으로 갈라 씨를
  파낸 뒤 1.5cm 두께로 납작
  썰어요.

2 에어프라이어에 종이포일
  을 깔고 단호박을 올린 뒤
  180도에서 **10분** 굽고 뒤집어
  10분간 더 구워요.

3 소금과 후춧가루를 뿌려 완성
  해요.

총 시간
50
분

쏙쏙 까먹는 재미
군밤

분량
2인분

에어프라이어 온도
200도

에어프라이어 시간
20분 뒤집고 **10분**

종이포일

재료

밤 400g

레시피

그냥 구우면
터지니 칼집을
일자로 깊숙이
넣어요.

1 밤은 흐르는 물에 씻어 물에
15분 정도 담그고 키친타월
로 물기를 제거해요.

2 밤에 칼집을 내고 종이포일
을 깐 에어프라이어에 담아
200도에서 **20분**간 구워요.

3 밤을 전체적으로 뒤집고
10분간 더 구워 완성해요.

분량
2인분

에어프라이어 온도
140도

에어프라이어 시간
15분 뒤집고 **10분씩** 4번

종이포일

쟁여두고 먹는 영양간식
고구마말랭이

다이어트 요리
7위

총 시간
60
분

고구마 두께에 따라
굽는 시간이 달라질 수
있어요. 부러트려 보아
심 없이 쪼개지면 완성
된 것입니다.

재료

고구마 작은 것 4개

레시피

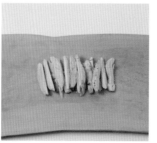

충분히 식어야
더 맛있어요.

1 깨끗이 씻은 고구마는 볼에
담아 랩을 씌워 전자레인지에
7분간 익혀요.

2 고구마 껍질을 벗기고 손가
락 크기로 썰어 종이포일을
깐 에어프라이어에 겹치지
않게 펴 넣어요.

3 **140도**에서 **15분**간 구워요.
뒤집어 **10분** 굽기를 4번 반
복해 완성해요.

다이어트 요리
8위

총 시간
70
분

분량
2인분

에어프라이어 온도
150도

에어프라이어 시간
30분 뒤집고 **30분**

종이포일

동안의 비결은 바로 이것!
드라이토마토

재료

방울토마토 1팩(350g)
올리브유 3숟가락
바질 가루 1숟가락
로즈마리 또는 타임 1줄기
↳ 허브는 **취향에 따라** 넣어주세요.

후춧가루 약간

선택 재료
올리브유 적당량
마늘 2개

레시피

방울토마토
씨를 살짝 제거
해주세요.

방울토마토의 상태에 따라
시간을 조절해주세요.
보관할 때는 용기에 드라
이토마토, 얇게 썬 마늘을
넣고 올리브유를 잠기도록
부어 보관해요.

1 방울토마토는 꼭지를 제거
하고 2등분 해요.

2 볼에 방울토마토, 올리브유,
바질 가루, 로즈마리, 타임,
후춧가루를 넣어 섞어요.

3 에어프라이어에 **2**를 겹치지
않게 넣고 **150도**에 **30분** 구
운 뒤 뒤집고 **30분**간 더 구
워 완성해요.

분량
6인분 이상

에어프라이어 온도
80도

에어프라이어 시간
10분 (뒤집으며 3번 더 반복)

레몬칩

다이어트 요리
9위

총 시간
60분

레몬칩은 물에 넣어
우려내 차나 음료로
마셔요.

재료

레몬 2개
베이킹소다 1숟가락

레시피

레몬의 과육을
만졌을 때 물기가
없을 때까지 반복해요.

1 레몬은 흐르는 물에 한 번
씻은 후, 베이킹소다를 뿌리
고 문질러 닦아 헹궈내요.

2 레몬은 0.3cm 두께로 슬라
이스 한 뒤 씨를 제거해요.

3 에어프라이어에 겹치지 않
도록 넣고 **80도**에서 **10분** 구
워요. 뒤집어 **10분**간 굽기를
3번 더 반복해요.

기름에 튀기지 않아도 맛은 그대로
감자칩

분량
2인분

 에어프라이어 온도
170도

에어프라이어 시간
25분

 종이포일

 재료

감자 2개, 소금 약간, 후춧가루 약간

 레시피

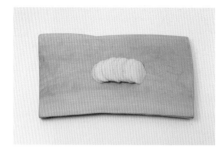

1 깨끗이 씻은 감자는 채칼을 이용해 슬라이스 해요.

전분기가 충분히 빠져야 더욱 바삭해요.

2 물에 감자를 20분간 담가 전분기를 빼요.

3 키친타월에 감자를 올려 물기를 꼼꼼히 제거해요.

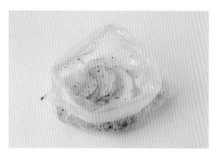

4 위생비닐에 감자, 식용유 1순가락, 소금, 후춧가루를 넣고 흔들어 잘 섞어요.

7~10분마다 뒤집어가며 구워요.

5 에어프라이어에 종이포일을 깔고 감자(4)를 넣고 **170도**에 **25분** 구워 완성해요.

다이어트 요리

총 시간
30
분

분량
2인분

에어프라이어 온도
180도

에어프라이어 시간
15분 뒤집고 **10분**

종이포일

아침식사로 제격이야
누룽지

재료

밥 1공기

레시피

밥 두께에 따라 노릇하게
구워지는 시간이 달라요.
색이 하얗다면 10분 정도
더 구워요.

1 밥을 종이포일 위에 얇게 펼친
후 에어프라이어에 넣어요.

2 180도에서 **15분**간 굽고 뒤집
어 **10분**간 더 구워요.

3 식힌 뒤 먹기 좋은 크기로
부숴 완성해요.

분량
2인분

에어프라이어 온도
140도

에어프라이어 시간
10분 뒤집고 **12분**

종이포일

다이어트할 때 과자 대신 먹으면 좋아요. 샐러드, 스테이크, 피자 위에 토핑으로 뿌려 먹어도 좋습니다.

재료

마늘 100g

다이어트 요리
12위

총 시간
50
분

어떤 요리에 뿌려도 폼이 나요
마늘칩

레시피

중간중간 물을 갈아주어 쓴맛을 빼내요.

1 마늘은 얇게 썰어 찬물에 20분 이상 담가요.

2 체에 밭쳐 물기를 뺀 뒤 키친타월로 물기를 닦고 종이포일을 깐 에어프라이어에 겹치지 않게 놓아요.

3 140도에서 **10분** 굽고 뒤집어 **12분**간 더 구운 뒤 차게 식혀 완성해요.

고소한 빵 냄새
깃든 우리집
빵요리

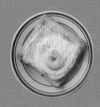

대충 만들어도 실패 없는

식빵핫도그

빵 요리
1위

총 시간
30
분

분량
2인분

에어프라이어 온도
180도

에어프라이어 시간
10분 뒤집고 **5분**

종이포일

재료

식빵 5장, 슬라이스 체다치즈 5개, 후랑크소시지 5개, 달걀 2개, 우유 5숟가락, 빵가루 1종이컵

레시피

1 식빵은 테두리를 잘라내고 밀대로 최대한 얇게 밀어요.

2 우유와 달걀을 섞어 풀어요.

3 식빵에 슬라이스 체다치즈, 후랑크소시지를 얹고, 돌돌 만 뒤 가장자리는 우유달걀물(**2**)을 발라 고정해요.

4 식빵핫도그를 우유달걀물(**2**)에 굴리고, 빵가루를 입혀요.

5 에어프라이어에 종이포일을 깔고 식빵핫도그를 담은 뒤 식용유를 뿌려요.

6 **180도**에서 **10분**간 굽고 뒤집어 **5분** 더 구워 완성해요.

냉동실 속 딱딱한 바게트 소환!
마늘바게트

분량
4인분

 에어프라이어 온도
150도

 에어프라이어 시간
10분

 종이포일

 재료

바게트 1개

마늘버터 재료 버터 3숟가락, 설탕 2숟가락, 연유 3숟가락, 마요네즈 2숟가락, 다진 마늘 1숟가락,
파슬리 가루 약간

 레시피

1 바게트에 칼집을 내고 2~3등분 해요.

2 버터는 전자레인지에 10초 정도 돌린
뒤 나머지 **마늘버터 재료**와 섞어요.

3 칼집 낸 바게트 사이사이에 마늘버터를
고루 발라요.

4 에어프라이어에 종이포일을 깔고 마늘
바게트(**3**)를 넣은 뒤 **150도**에 **10분**간 구
워 완성해요.

빵
요
리

빵 요리
3위

총 시간
15
분

뚝딱 만들어 아침식사로
오픈토스트

분량
2인분

 에어프라이어 온도
180도

에어프라이어 시간
10분

 종이포일

 재료

식빵 2장, 베이컨 4줄, 달걀 2개, 슈레드 모차렐라치즈 1/2종이컵, 파슬리 가루 약간

 레시피

1 식빵 가운데 부분을 숟가락으로 꾹꾹 눌러요.

2 식빵에 베이컨을 반으로 접어 십자로 올리고, 달걀을 깨 올려요.

3 달걀 주변으로 슈레드 모차렐라치즈를 뿌려요.

4 에어프라이어에 종이포일을 깔고 식빵을 올린 뒤 **180도**에서 **10분**간 구워요.

5 파슬리 가루를 뿌려 완성해요.

달걀 하나가 통째로 풍덩!

달걀빵

빵 요리
4위

총 시간
30
분

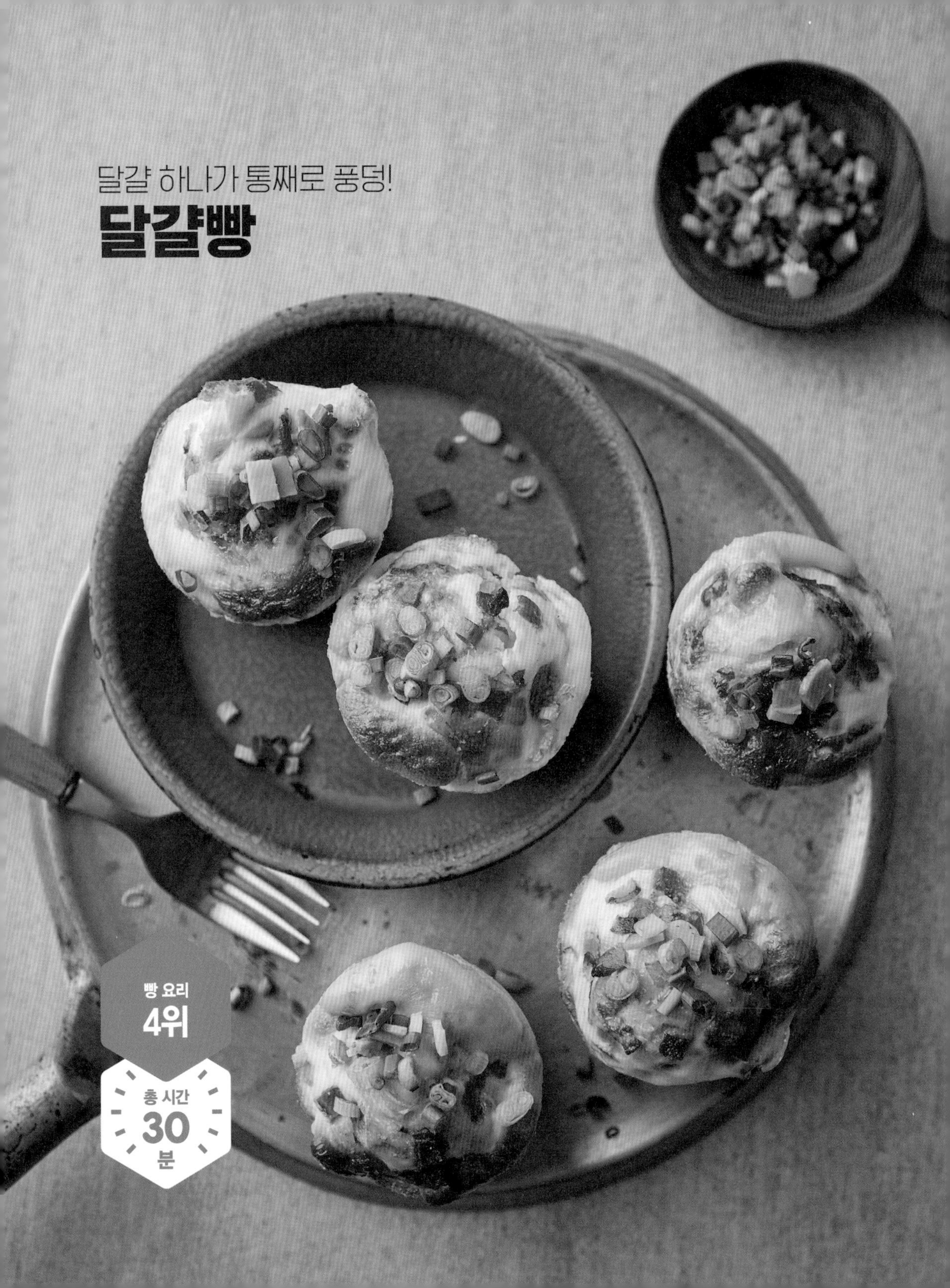

분량
3인분

 에어프라이어 온도
150도

 에어프라이어 시간
25분

 재료

달걀 3개, 베이컨 1줄, 쪽파 1대, 소금 약간

반죽 재료 핫케이크 가루 1종이컵, 우유 1/3종이컵, 달걀 1개, 소금 약간

레시피

달걀과 우유를 먼저 섞은 다음 핫케이크 가루를 체 쳐 넣어 섞어요.

1 볼에 **반죽 재료**를 넣고 멍울지지 않게 섞어요.

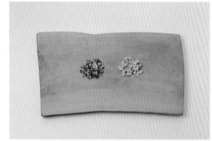

2 쪽파는 송송 썰고 베이컨은 다져요.

종이컵 안쪽에 식용유를 바르면 잘 떨어져요.

3 종이컵 3개에 반죽(**1**)을 나눠 부어요.

4 반죽에 달걀 1개씩을 넣고, 노른자를 꼬치로 콕콕 찔러요.

5 소금, 베이컨을 **4**에 뿌리고 에어프라이어에 넣은 뒤 **150도**에 **25분**간 구워요.

6 종이컵을 벗겨내고 쪽파를 뿌려 완성해요.

빵 요리

빵 요리
5위

총 시간
20
분

부담 없이 1인 1판
포테이토피자

분량
1인분

 에어프라이어 온도
180도

 에어프라이어 시간
7분

 종이포일

 재료

또띠아 2장, 감자 1개, 슬라이스 햄 2장, 슬라이스 체다치즈 1장, 슈레드 모차렐라치즈 1/2종이컵, 피망 1/4개, 토마토소스 또는 케첩 3숟가락, 소금 약간

 레시피

빵 요리

1 감자는 껍질을 벗겨 길게 6~8등분 하고, 슬라이스 햄, 피망, 슬라이스 체다치즈는 작게 썰어요.

에어프라이어에 익혀도 좋아요.

2 감자는 소금으로 밑간한 뒤 볼에 담고 랩을 씌워 전자레인지에 4분간 익혀요.

3 또띠아 위에 슈레드 모차렐라치즈를 2숟가락 뿌린 뒤 나머지 또띠아로 덮어요.

4 토마토소스나 케첩을 퍼 바른 뒤 피망, 감자, 햄을 올리고 슈레드 모차렐라치즈와 슬라이스 체다치즈를 뿌려요.

5 에어프라이어에 종이포일을 깔고 **4**를 담아 **180도**에서 **7분**간 구워 완성해요.

빵 요리
6위

총 시간
15
분

커피와 함께하면 이곳이 천국
식빵러스크

분량
2인분

 에어프라이어 온도
180도

 에어프라이어 시간
6분 뒤집고 **4분**

 종이포일

 재료

식빵 5장, 버터 2숟가락, 소금 약간, 파슬리 가루 약간, 설탕 3숟가락, 계피가루 1숟가락

 레시피

빵요리

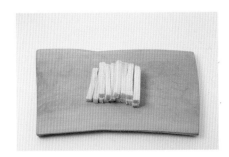

1 식빵은 스틱 모양으로 썰어요.

전자레인지 사용 시 10초씩 확인 하며 녹여요.

2 버터는 전자레인지에서 30~50초 정도 녹여요.

3 녹인 버터에 소금, 파슬리 가루를 넣어 섞고 솔을 이용해 식빵 앞뒤에 발라요.

4 에어프라이어에 종이포일을 깔고 식빵 (3)을 넣은 뒤 180도에서 **6분**간 굽고 뒤집어 **4분**간 더 구워요.

5 에어프라이어에서 식빵을 꺼내요. 계피 가루와 설탕을 섞고 구운 식빵 위에 뿌려 완성해요.

패밀리레스토랑의 대표 단짠메뉴

몬테크리스토
샌드위치

빵 요리
7위

총 시간
15
분

분량
2인분

 **에어프라이어 온도**
180도

 **에어프라이어 시간**
8분

 종이포일

 재료

식빵 3개, 슬라이스 햄 2장, 달걀 1개, 슬라이스 체다치즈 2장, 빵가루 적당량, 딸기잼 적당량

레시피

1 식빵 한면에 잼을 발라요.

2 햄 ⇨ 치즈 ⇨ 식빵 순으로 **1** 위에 올리고, 잼을 바르고, 햄 ⇨ 치즈 ⇨ 식빵 순으로 덮어요.

3 달걀을 풀어요. 쌓아둔 식빵(**2**)에 달걀물 ⇨ 빵가루 순으로 옷을 입히고 종이포일을 깐 에어프라이어에 넣은 뒤 식용유를 뿌려요.

4 **180도**에 **8분**간 구워 완성해요.

마치 프랑스에 온 듯
크로크무슈

빵 요리
8위

총 시간
30
분

재료

식빵 6장, 머스터드 1숟가락, 슬라이스햄 4장, 슬라이스 그뤼에르 치즈(2×5cm) 20장, 슈레드 모차렐라치즈 2숟가락

소스 재료 버터 2숟가락, 밀가루 2숟가락, 우유 2종이컵, 다진 그뤼에르치즈 1/3종이컵, 넛맥 약간, 후춧가루 약간, 소금 약간

 레시피

> 버터에 밀가루를 잘 볶지 않으면 밀가루 풋내가 날 수 있어요.

1 냄비에 버터를 녹이고, 밀가루를 넣고 볶다가 우유를 천천히 붓고 다 섞이면 그뤼에르치즈를 넣고 적당한 농도가 되도록 약불로 끓여요.

2 넛맥, 소금, 후춧가루로 간하고 식혀 베샤멜소스를 만들어요.

3 빵에 베샤멜소스를 발라요.

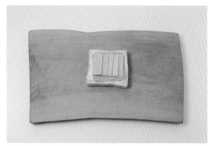

4 슬라이스햄, 그뤼에르치즈를 3에 올려요.

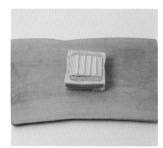

5 그 다음 식빵으로 덮고 머스터드를 바른 후 슬라이스햄, 그뤼에르치즈 식빵을 올려요.

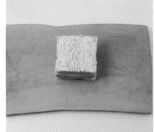

6 그 다음 베샤멜 소스를 바르고 슈레드 모차렐라치즈를 뿌려요.

> 치즈가 잘 익었는지 확인해요.

7 에어프라이어에 종이포일을 깔고 샌드위치(**6**)를 넣은 뒤 **180도**에 **15분** 구워 완성해요.

빵 요리

112

핫케이크 가루로 만드는
말차스콘

분량
2인분

 에어프라이어 온도
160도

에어프라이어 시간
13분 뒤집고 **5분**

 종이포일

 재료

핫케이크 가루 2종이컵, 녹차 가루 1숟가락, 달걀 1개, 다진 버터 1숟가락, 우유 1숟가락, 초코칩 3숟가락

 레시피

1 핫케이크 가루, 녹차 가루를 섞어 체에 한 번 내리고 버터를 섞어요.

2 달걀, 식용유, 우유를 **1**에 넣고 가르듯이 섞어요.

한 덩이로 뭉쳐졌을 때 냉장실에 30분 정도 넣으면 모양이 더 예뻐요.

위생비닐에 넣어 반죽해도 좋아요.

위에 달걀물을 바르고 구우면 더욱 먹음직스러워요.

3 초코칩을 넣고 한 덩이로 뭉쳐지도록 반죽해요.

4 에어프라이어에 종이포일을 깔고, 그 위에 반죽을 작게 잘라 올려요.

이쑤시개로 찔렀을 때 묻어 나오지 않으면 다 익은거에요.

5 **160도**에서 **13분** 굽고 뒤집어 **5분** 더 구워 완성해요.

빵 요리

엄마표 수제간식
식빵후렌치파이

분량 **2인분** | 에어프라이어 온도 **180도** | 에어프라이어 시간 **10분**

 재료

식빵 6장, 딸기잼 또는 사과잼 적당량

 레시피

1 식빵은 테두리를 자르고 밀대로 얇게 밀어요.

2 식빵 2장은 병뚜껑으로 구멍을 4군데 내요.

3 식빵에 잼을 바르고, 식빵을 덮고, 다시 잼을 바른 후 구멍 낸 식빵을 덮어요.

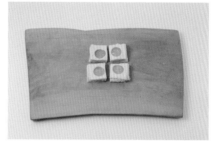

4 식빵을 4등분 해요.

5 에어프라이어에 넣은 뒤 **180도**에서 **10분** 구워 완성해요.

빵 요리

차가운 우유랑 먹으면 꿀맛
옥수수치즈빵

재료

모닝빵 8개, 통조림 옥수수 1종이컵, 허니머스터드 3숟가락, 마요네즈 3숟가락,
슈레드 모차렐라치즈 1종이컵, 후춧가루 약간

레시피

1 통조림 옥수수를 체에 밭쳐 물기를 빼요.

2 볼에 통조림 옥수수, 허니머스터드, 마
요네즈, 슈레드 모차렐라치즈, 후춧가
루를 넣고 골고루 섞어요.

넉넉히 파내야
옥수수를 많이
넣을 수 있어요.

3 모닝빵은 가운데 부분을 파내요.

4 모닝빵에 버무려 놓은 **2**를 넣어요.

5 에어프라이어에 종이포일을 깔고 옥수
수치즈빵(**4**)을 넣어 **180도**에서 **10분**간
구워 완성해요.

빵 요리
12위

총 시간
30
분

담백해서 더 꿀맛 나는 간식
공갈빵

재료

호떡믹스 1팩(호떡믹스가루 + 이스트 + 설탕), 따뜻한 물 1종이컵, 검은깨 1숟가락

레시피

1 따뜻한 물에 이스트를 잘 섞어요.

2 호떡믹스가루와 검은깨를 넣어 반죽해요.

3 반죽을 적당한 크기로 잘라 호떡믹스 설탕을 넣고 접어서 모양을 잡아요.

4 밀대로 **3**을 납작하게 민 다음 호떡 표면에 식용유 1숟가락을 발라요.

5 에어프라이어에 종이포일을 깔고, 호떡을 넣은 뒤 **180도**에 **10분** 굽고 뒤집어서 **5분**, 다시 뒤집어서 **5분** 구워 완성해요.

나가사키의 명물을 집에서
카스도스

분량
2인분

 에어프라이어 온도
170도

 에어프라이어 시간
5분

 종이포일

 재료

카스텔라 1개(200g), 달걀노른자 5개, 설탕 적당량

시럽 재료 설탕 1/2종이컵, 물 1/2종이컵

 레시피

1 냄비에 **시럽 재료**를 넣고 가열해요. 끓어오르면 중약불로 줄여 절반으로 졸인 뒤 한 김 식혀요.

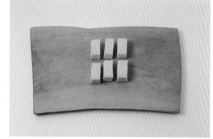

2 카스텔라는 직사각형 모양으로 썰어요. 달걀노른자는 체에 한 번 걸러요.

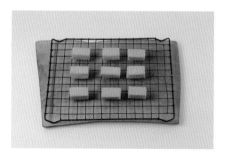

3 카스텔라를 체에 거른 달걀노른자에 담갔다 건지고 식힘망에 밭쳐 잠시 둬요.

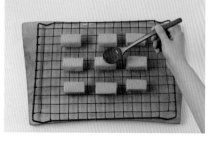

4 시럽을 고루 뿌리는 과정을 2번 정도 반복해요.

오일스프레이를 사용하거나 분무기에 담아 뿌리면 얇게 분사돼요.

5 종이포일을 깐 에어프라이어에 **4**를 넣고 식용유를 뿌려 **170도**에 **5분** 구워요.

6 설탕을 뿌려 완성해요.

빵 요리
14위

총 시간
10
분

묘~하게 중독되네?
마약토스트

분량
1인분

에어프라이어 온도
180도

에어프라이어 시간
7분

· 재료 ·

식빵 1장
달걀 1개
연유 약간
마요네즈 적당히
설탕 약간
소금 약간

레시피

1 식빵에 연유와 설탕을 뿌리
고 마요네즈로 테두리를 만
들어요.

2 테두리 안에 달걀을 깨서 올
리고 소금을 뿌려요.

3 에어프라이어에 담고 **180도**
에서 **7분**간 구워 완성해요.

분량
4인분

 에어프라이어 온도
180도

 에어프라이어 시간
8분 뒤집고 **5분**

 종이포일

우아하게 홈카페 즐기기
하이토스트

 재료

통식빵 1/2개
버터 5숟가락
꿀 2숟가락
설탕 넉넉히

 레시피

모든 면에
골고루
발라주세요

1 통식빵은 삼각형 모양이 되도록 사선으로 두툼하게 잘라요.

2 버터를 녹인 후 꿀과 섞어 자른 식빵에 바르고 설탕을 묻혀요.

3 에어프라이어에 종이포일을 깔고 **2**를 넣어 180도에서 **8분** 구운 뒤 뒤집어서 **5분** 더 구워 완성해요.

한입 베어 물면 달달하게 녹는
애플파이

분량
3인분

 에어프라이어 온도
180도

에어프라이어 시간
15분

 종이포일

 재료

식빵 6장, 사과 1개, 설탕 1/2종이컵, 레몬즙 2숟가락, 계피가루 약간, 버터 1숟가락, 달걀 1개

 레시피

1 사과는 껍질을 벗겨 굵게 다져요.

2 냄비에 사과, 설탕, 레몬즙, 계피가루, 버터를 넣고 약불로 조려 식혀요.

3 식빵은 테두리를 잘라내고 밀대로 납작하게 밀어요

4 볼에 달걀을 풀어요. 조린 사과(**2**)를 식빵 위에 얹고 가장자리에 달걀물을 바른 후 식빵을 반으로 접어 가장자리를 포크로 눌러요.

5 에어프라이어에 종이포일을 깔고 애플파이를 담은 뒤 **180도**에서 **15분**간 구워 완성해요.

빵 요리

에어프라이어,
이런 것도 돼?
럭셔리 요리

만두로 인생 요리 도전

깐풍만두

럭셔리 요리
1위

총 시간
30
분

| 분량 **2인분** | 에어프라이어 온도 **200도** | 에어프라이어 시간 **15분** | 종이포일 |

재료

냉동 만두 10개, 대파 1대, 청양고추 1개, 홍고추 1개, 다진 마늘 1/2숟가락

소스 재료 간장 2숟가락, 올리고당 1숟가락, 식초 1숟가락, 맛술 1숟가락, 설탕 1숟가락, 후춧가루 약간

레시피

1 에어프라이어에 종이포일을 깔고 냉동 만두를 넣어 **200도**에서 **15분**간 구워요.

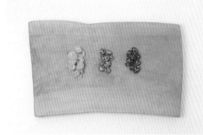

2 대파, 청양고추, 홍고추는 송송 썰어요.

3 볼에 **소스 재료**를 넣고 소스를 만들어요.

더 매콤하게 먹고 싶을 때는 식용유 대신 고추기름을 넣어요.

4 중불로 달군 팬에 식용유를 두르고 다진 마늘, 대파, 청양고추, 홍고추를 넣어 향이 나도록 볶은 후 소스를 부어 끓여요.

5 소스가 끓어오르면 구워둔 만두를 넣고 가볍게 볶아 완성해요.

럭셔리 요리

지금까지 이런 맛은 없었다
수원왕갈비통닭

분량 **3인분** | 에어프라이어 온도 **180도** | 에어프라이어 시간 **20분** 뒤집고 **20분** | 종이포일

 재료

닭다리 9개, 양파 1/3개, 청양고추 2개, 홍고추 1개

밑간 재료 맛술 2숟가락, 소금 1/2숟가락, 식용유 2숟가락, 생강가루 약간, 후춧가루 약간

양념 재료 간장 8숟가락, 설탕 2숟가락, 고춧가루 1/2숟가락, 물엿 2숟가락, 참기름 1숟가락, 콜라 7숟가락, 후춧가루 1/6숟가락, 참깨 1/2숟가락

↳ 콜라를 넣으면 색도 진해지고 은은한 단맛이 나요. 김 빠진 콜라를 사용해도 좋아요.

 레시피

1 닭다리는 깊게 칼집을 넣은 뒤 **밑간 재료** 에 버무려 잠시 둬요.

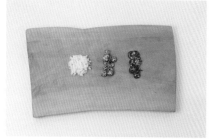

2 양파는 다지고 청양고추와 홍고추는 송 송 썰어요.

3 냄비에 **양념 재료**를 넣고 중불로 6~7분 간 끓이다가 양파, 청양고추, 홍고추를 넣고 약불로 2분간 더 끓여요.

4 에어프라이어에 종이포일을 깔고 밑간 한 닭(**1**)을 넣어 **180도**에서 **20분**간 구운 뒤 뒤집어 **20분**간 더 구워요.

양념장(**4**)에 닭 다리를 넣고 조 려도 좋아요.

5 구워진 닭에 끓여둔 양념장(**3**)을 넣고 잘 버무려 완성해요.

럭셔리 요리

단호박이 꽃처럼 피었네

훈제오리
단호박구이

럭셔리 요리
3위

총 시간
40
분

재료

단호박 1개, 훈제오리 1팩(500g), 마늘 15개, 슈레드 모차렐라치즈 1봉, 굴소스 2숟가락,

후춧가루 약간, 올리고당 2숟가락

레시피

1 단호박은 깨끗이 씻은 뒤 위생비닐에 넣어 전자레인지에 5분간 돌리고 윗부분에 칼집을 넣어 육각형 모양으로 도려낸 후 속을 파내요.

2 에어프라이어에 종이포일을 2장 겹쳐 깔고 마늘과 훈제오리를 담아 **180도**에서 **10분**간 구운 뒤 기름을 따라 버리고 굴소스와 후춧가루를 넣어 섞어요.

도려냈던 호박 윗동을 다시 덮어야 고기가 마르지 않고 촉촉해요.

3 단호박 안쪽에 올리고당을 바르고 오리고기(**2**)를 채우고 호박 윗동을 덮어 에어프라이어에 **180도**에 **10분**간 익혀요.

4 호박 윗동은 버리고 슈레드 모차렐라치즈를 뿌려요.

5 치즈가 녹을 때까지 **180도**에서 **5분**간 더 익혀 완성해요.

럭셔리 요리

게 눈 감추듯 사라지는
새우버터구이

럭셔리 요리
4위

총 시간
30
분

분량
2인분

 에어프라이어 온도
180도

에어프라이어 시간
5분 _{마늘 넣고} **10분**

 종이포일

 재료

대하 또는 중하 15~20마리, 마늘 3개, 버터 3숟가락, 파슬리 가루 약간

선택 재료 소스(칵테일소스, 타르타르소스, 초장 등)

 레시피

1 마늘은 납작 썰어요.

2 새우는 수염을 자르고 등 두 번째 마디에 꼬치나 이쑤시개를 넣어 내장을 제거해요.

3 에어프라이어에 종이포일을 깔고 새우를 담은 뒤 버터를 올려 **180도**에서 **5분**간 구워요.

칵테일소스나
타르타르소스
또는 초장을
곁들이면 좋아요.

4 마늘을 올리고 **180도**에서 **10분**간 더 구운 뒤 파슬리 가루를 뿌려 완성해요.

파티 메인 메뉴로 딱!

로스트치킨

럭셔리 요리
5위

총 시간
60
분

분량	🌡 에어프라이어 온도	⏱ 에어프라이어 시간	종이포일
3인분	**180도**	**20분** 뒤집고 **10분** 재료 넣고 **15분**	

 재료

닭 1마리(800g~1kg), 허브소금 1숟가락, 레몬 1개, 버터 2숟가락, 냉동 감자튀김 적당량
└→ 허브소금 대신 맛소금에 오레가노, 바질 가루 등을 섞어 사용해도 좋아요.

 레시피

1 닭은 꽁지를 제거하고 흐르는 물에 씻어 안쪽의 불순물도 씻어내요.

2 볼에 버터, 식용유 1숟가락, 허브소금을 넣어 섞어요.

3 포크로 닭의 겉면을 찌른 뒤 허브버터(2)를 앞뒤로 골고루 발라요.

4 에어프라이어에 종이포일을 깔고 **180도**에서 **20분**간 구워요.

5 뒤집어서 **10분**간 더 구운 뒤 다시 뒤집어 버터를 올리고 냉동 감자튀김과 레몬을 넣어요.

닭의 크기에 따라 익는 속도가 달라요. 닭이 완전히 익을 때까지 구워요.

6 감자튀김이 노릇하게 익도록 **15분**간 더 구워 완성해요.

력셔리요리

고기 요리 어렵지 않아
등갈비

럭셔리 요리
6위

총 시간
60
분

분량 **4인분**  에어프라이어 온도 **200도**  에어프라이어 시간 **10분** 뒤집고 **10분** 종이포일

 재료

등갈비 2팩(1kg), 된장 1숟가락, 맛술 1/3종이컵

밑간 재료 맛소금 2/3숟가락, 올리브유 3숟가락, 다진 마늘 2숟가락, 후춧가루 약간

선택 재료 마요네즈 또는 씨겨자

 레시피

1 등갈비는 뼈 쪽의 질긴 막을 떼어내고 뼈와 뼈 사이에 칼을 넣어 썬 뒤 찬물에 1시간 동안 담가 핏물을 빼요.

2 냄비에 등갈비를 넣고 잠길 정도의 물을 부은 뒤 된장과 맛술을 풀어 20분간 삶아요.

마요네즈나 씨겨자를 곁들여 먹으면 더 맛있어요.

3 등갈비(**2**)에 **밑간 재료**를 넣어 섞고 10분 정도 둔 후 종이포일을 깐 에어프라이어에 넣어요.

4 **200도**에서 **10분**간 구운 뒤 뒤집어 **10분** 더 구워 완성해요.

럭셔리요리

레스토랑 부럽지 않아
연어스테이크

럭셔리 요리
7위

총 시간
30
분

분량
2인분

 에어프라이어 온도
180도

 에어프라이어 시간
15분 뒤집고 **7~8분**

 종이포일

 재료

연어 2쪽(스테이크용), 양파 1/2개, 레몬 1/2개, 소금 1/2숟가락, 후춧가루 약간

선택 재료 **홀스래디쉬소스 또는 타르타르소스**

 레시피

레몬즙은 연어의 비린내를 없애고 살을 단단하게 하여 부서지지 않게 해요.

1 양파는 링모양으로 납작 썰고, 레몬은 웨지모양으로 썰어요.

2 연어에 소금, 후춧가루로 밑간한 뒤 레몬 한 쪽을 짜서 뿌려요.

3 에어프라이어에 종이포일을 깔고 양파 ⇨ 연어 순으로 올린 뒤 **180도**에서 **15분**간 구워요.

파프리카, 아스파라거스를 구워 곁들이면 좋아요.

4 뒤집어서 **7~8분** 더 구운 뒤 레몬과 홀스래디쉬소스 또는 타르타르소스를 곁들여 완성해요.

힘이 불끈! 불끈!
바다장어양념구이

분량
2인분

 에어프라이어 온도
200도

 에어프라이어 시간
10분 양념장 바르고 **10분**

 종이포일

 재료

손질 바다장어 2마리(800g), 양파 1/2개, 대파 1대, 생강 1톨

밑간 재료 간장 1숟가락, 참기름 2숟가락, 후춧가루 약간, 맛술 1숟가락

양념 재료 간장 2숟가락, 고추장 1숟가락, 다진 마늘 1숟가락, 고춧가루 2숟가락, 올리고당 4숟가락, 맛술 2숟가락, 참기름 2숟가락, 물 1/2종이컵

손질 안 된 바다장어는 밀가루로 닦고 껍질을 칼로 긁어 진액을 긁어내요. 다음 껍질에 뜨거운 물을 부은 뒤 찬물에 헹구고 진액을 긁어내면 흙냄새가 나지 않아요.

 레시피

1 손질된 바다장어는 2~3등분 해서 **밑간 재료**에 버무려 10분 이상 재워둬요.

2 냄비에 **양념 재료**를 넣어 중불에서 반으로 줄도록 졸여요.

3 양파, 대파, 생강은 채 썰어 각각 찬물에 담가 아삭해지면 체에 밭쳐 물기를 빼요.

4 에어프라이어에 종이포일을 간 다음 장어(**1**)를 넣은 뒤 **200도**에 **10분**간 구워요.

5 양념장을 장어 앞뒤로 고르게 바른 뒤 **10분**간 더 구워요.

6 채 썬 양파, 대파를 접시에 깔고 장어구이를 올린 뒤 채 썬 생강을 얹어 완성해요.

럭셔리 요리

한입 가득 부드러운
고구마치즈고로케

분량
3인분

 에어프라이어 온도
200도

에어프라이어 시간
10분

 종이포일

재료

고구마 3개, 달걀 2개, 슈레드 모차렐라치즈 2/3종이컵, 우유 1/4종이컵, 밀가루 2숟가락,
빵가루 1종이컵, 소금 약간, 파슬리 가루 약간, 꿀 적당량

레시피

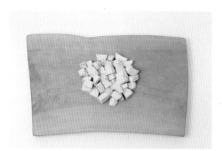

1 고구마는 껍질을 벗겨 한입 크기로 썰
어요.

2 고구마는 볼에 담아 랩을 씌우고 전자
레인지에 7분간 익혀요.

3 고구마가 뜨거울 때 포크로 으깬 뒤 우
유와 소금을 넣어 섞어요.

4 고구마 반죽(3)에 슈레드 모차렐라치즈
를 넣고 감싸 동그랗게 빚어요.

5 달걀을 곱게 풀고 밀가루 ⇨ 달걀물 ⇨
빵가루 순으로 **4**에 옷을 입힌 뒤 식용
유를 뿌려요. 종이포일을 깐 에어프라
이어에 넣고 **200도**에서 **10분**간 구워요.

6 파슬리 가루를 뿌리고 꿀을 곁들여 완
성해요.

럭셔리
요리

146

147

맛, 영양, 비주얼을 동시에 잡았다!

단호박치즈구이

럭셔리 요리
10위

총 시간
20
분

분량
2인분

 에어프라이어 온도
180도

 에어프라이어 시간
7분 치즈 올리고 **5분**

종이포일

재료

단호박 1/3통, 슈레드 모차렐라치즈 1/2봉, 꿀 3숟가락, 파마산치즈 가루 2숟가락,
아몬드 슬라이스 적당량

레시피

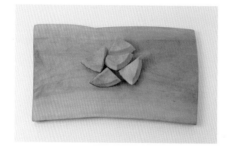

1 단호박은 먹기 좋은 크기로 썰어요.

2 단호박 안쪽에 꿀을 발라요. 에어프라
이어에 종이포일을 깔고 단호박을 넣어
180도에 **7분**간 구워요.

3 슈레드 모차렐라치즈를 올린 뒤 **5분**간 더
구워요.

4 파마산치즈 가루와 아몬드 슬라이스를
뿌려 완성해요.

숨겨진 꿀맛 새우 레시피
이색새우튀김

분량
2인분

 에어프라이어 온도
190도

에어프라이어 시간
10분

 종이포일

재료

라면 1봉지, 새우 10마리, 튀김가루 1/3종이컵, 라면스프 1/3숟가락

소스 재료 청양고추 1개, 마요네즈 1숟가락, 설탕 1/2숟가락, 라면스프 1/3숟가락

레시피

새우 내장은 2~3마디 사이에 이쑤시개를 넣어 빼내요.

1 새우는 수염을 떼고 내장, 몸통 껍질을 제거한 뒤 다리 쪽에 칼집을 넣어 일자로 곧게 펴요.

2 끓는 물에 라면사리를 넣어 4분간 익힌 뒤 찬물에 헹궈 체에 밭쳐요.

3 청양고추는 송송 썰고 **소스 재료**와 섞어 소스를 만들어요.

4 라면스프 1/3숟가락을 섞은 튀김가루를 새우 몸통에 고루 묻힌 뒤 물기를 뺀 면(**2**)으로 감싸요.

5 에어프라이어에 종이포일을 깔고 새우 튀김을 넣어 식용유를 뿌린 뒤 **190도**에서 **10분**간 굽고 딥핑소스를 곁들여 완성해요.

럭셔리 요리

시판 냉동 만두의 근사한 변신!

만두그라탕

럭셔리 요리
12위

총 시간
30
분

 재료

냉동 만두 12개, 슈레드 모차렐라치즈 1 + 1/2봉, 마요네즈 4숟가락, 케첩 5숟가락, 양파 1/2개

 레시피

1 위생비닐에 냉동 만두와 식용유 2숟가락을 넣고 흔들어 고루 섞어요.

2 양파는 먹기 좋게 썰어 케첩과 섞어요.

3 에어프라이어에 종이포일을 깔고 만두를 둘러 담은 후 **180도**에 **10분**간 구워요.

4 내열용기에 구운 만두를 넣고 위에 양파를 섞은 케첩(**2**)과 마요네즈를 뿌린 후 슈레드 모차렐라치즈를 뿌려요.

5 에어프라이어에 **4**를 넣고 **170도**에서 **7분**간 더 구워 완성해요.

매콤하게 먹고 싶다면
김치만두 등 속재료가
매콤한 만두를 사용하세요.
케첩 대신 토마토소스를
사용해도 좋아요.

SNS 속 인싸 메뉴!
감바스알아히요

분량
2인분

에어프라이어 온도
200도

에어프라이어 시간
10분

내열용기

럭셔리 요리
13위

총 시간
15분

재료

냉동 칵테일새우 20마리
마늘 6개
올리브 5개
페페론치노 5개
올리브유 1 + 1/2종이컵
소금 약간
후춧가루 약간
바게트 적당량

레시피

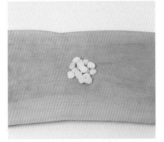

남은 올리브유에 삶은 파스타면을 넣어 먹으면 좋아요.

1 냉동 칵테일새우는 흐르는 물에 씻어 해동한 뒤 키친타월에 올려 물기를 제거하고 소금, 후춧가루로 간해요.

2 마늘은 도톰하게 납작 썰어요. 내열용기에 마늘, 페페론치노, 올리브, 밑간한 새우를 넣고 올리브유를 부어요.

3 **200도**에서 **10분**간 굽고 바게트를 곁들여 완성해요.

분량
2인분

에어프라이어 온도
180도

에어프라이어 시간
15분 뒤집고 **170도 10분**

종이포일

재료

손질 양갈비 1팩(500g)
올리브유 2숟가락
소금 1/2숟가락
후춧가루 약간
허브 가루 적당량
양꼬치시즈닝 적당량

↳ 쯔란(큐민)이라는 향신료에 고춧가루, 소금, 후춧가루, 참깨 등을 섞은 가루양념으로 양갈비의 누린내를 잡아 줘요. 삼겹살이나 닭고기를 찍어 먹어도 맛있어요.

럭셔리 요리
14위

총 시간
30분

양꼬치집에서 먹던 그맛!
양갈비구이

레시피

1 양갈비에 올리브유를 골고루 바른 뒤 소금, 후춧가루, 허브 가루를 뿌려 잠시 둬요.

2 에어프라이어에 종이포일을 깔고 양갈비를 넣은 뒤 **180도**에서 **15분**간 구워요.

3 뒤집어서 **170도**에서 **10분**간 더 구운 뒤 양꼬치시즈닝을 곁들여 완성해요.

집에 온 손님이 엄지 척!

유린기

분량
2인분

 에어프라이어 온도
180도

 에어프라이어 시간
10분 뒤집고 **5분**

 종이포일

 재료

냉동 치킨텐더 5조각, 양상추 1/3통, 양파 1/4개, 청양고추 1개, 홍고추 1개, 파채 1종이컵

소스 재료 간장 1/4종이컵, 물 1/4종이컵, 식초 2숟가락, 설탕 2숟가락, 다진 마늘 1/2숟가락,
고추기름 1/2숟가락

  ↳ 매운 것이 싫다면 고추기름을 빼도 좋아요.

 레시피

1 양상추는 먹기 좋게 뜯고, 양파는 곱게
채 썰어 찬물에 담그고, 청양고추와 홍
고추는 송송 썰어요.

2 에어프라이어에 종이포일을 깔고 냉동
치킨텐더를 넣어 식용유를 두른 뒤 **180도**
에서 **10분**간 구워요.

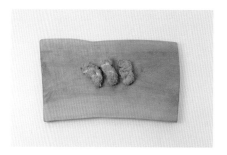

3 뒤집어 **5분** 더 구운 뒤 먹기 좋게 한입
크기로 썰어요.

4 볼에 **소스 재료**를 넣고 잘 섞은 뒤 청양
고추와 홍고추를 넣어요.

5 접시에 양상추와 썰은 치킨텐더(3)를
올린 뒤 물기 뺀 파채, 양파채를 얹고 소
스를 뿌려 완성해요.

손님 입맛 사로잡는
해산물파피요트

재료

키조개 관자 10개, 모시조개 또는 바지락 200g, 아스파라거스 3개, 방울토마토 5개, 소금 약간,
후춧가루 약간, 버터 1숟가락, 화이트와인 2숟가락, 레몬 1/4개, 허브(로즈마리 또는 타임) 약간

레시피

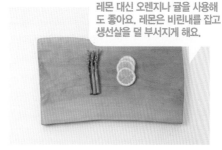

레몬 대신 오렌지나 귤을 사용해
도 좋아요. 레몬은 비린내를 잡고
생선살을 덜 부서지게 해요.

1 키조개 관자는 흰 기둥을 제거하고 2등
분 해요.

2 아스파라거스는 질긴 밑동을 잘라내 2
등분 하고 레몬은 납작 썰어요.

화이트와인
대신 청주를 사용
해도 좋아요.

3 관자, 아스파라거스, 방울토마토에 소
금과 후춧가루를 뿌려 밑간해요.

4 종이포일 한쪽에 버터를 바르고 손질한
재료(**2, 3**)와 모시조개, 허브를 올리고
화이트와인을 뿌려요.

5 종이포일을 반으로 접고 가장자리를 돌
돌 말아 밀봉한 뒤 에어프라이어에 넣
어 **200도**에서 **20분**간 구워 완성해요.

럭셔리 요리

깔끔하고 개운하게!
곁들임 겉절이 3종

정성스럽게 차린 손님상에 겉절를 곁들이면 메인 요리의 풍미는 살리고
깔끔하게 입맛을 잡아주지요. 손쉽게 후다닥 만들어 내놓으면
식탁이 상큼하고 향긋해질 거예요.

입맛 돋는 감칠맛!
양파겉절이

양파 2개
통깨 1숟가락

양념 재료
간장 1+½숟가락
고춧가루 1+½숟가락
매실액 1숟가락
참기름 1숟가락

1 양파는 얇게 채 썰어요. **2** 볼에 양파와 **양념 재료**를 넣고 버무려요. **3** 통깨를 뿌려 완성해요.

천원이면 식탁이 상큼달콤
상추겉절이

상추 2줌(100g)

양념 재료
간장 1숟가락
고춧가루 1숟가락
다진 마늘 ⅓숟가락
다진 대파 1숟가락
설탕 ½숟가락
들기름 1숟가락
소금 약간
통깨 약간

1 상추는 물에 씻고 체에 받쳐 물기를 빼요.
2 상추를 먹기 좋은 크기로 뜯어요.
3 볼에 **양념 재료**를 넣고 양념장을 만들어요.
4 볼에 상추, 양념장을 넣고 살살 버무려 완성해요.

겉절이계의 뉴페이스
시금치겉절이

시금치 ½단(150g)

양념 재료
고춧가루 2숟가락
간장 1숟가락
멸치 액젓 1숟가락
설탕 ½숟가락
참기름 1숟가락
통깨 약간

1 손질한 시금치는 물에 씻은 뒤 체에 받쳐 물기를 빼요.
2 볼에 **양념 재료**를 넣고 양념장을 만들어요.
3 볼에 시금치, 양념장을 넣고 버무려 완성해요.

700만이 뽑은 에어프라이어 맛보장 요리

엄마! 매일매일
해주세요!
아이 간식

한 번 맛보면 멈출 수 없어
고구마맛탕

아이 간식
1위

총 시간
30
분

분량
2인분

 에어프라이어 온도
200도

 에어프라이어 시간
20분

종이포일

 재료

고구마 2개(300g)

양념 재료 올리고당 2숟가락, 꿀 1숟가락, 검은깨 1/2숟가락

 레시피

1 고구마는 깨끗이 씻어 껍질을 벗겨낸 뒤 먹기 좋은 크기로 썰어요.

2 볼에 고구마와 식용유 약간을 넣고 잘 버무려요.

3 에어프라이어에 종이포일을 깔고 고구마(2)를 넣어 **200도**에 **20분**간 구워요.

올리고당과 꿀의 양은 취향에 따라 가감해요.

4 약불로 달군 팬에 올리고당과 꿀을 넣고 끓어오르면 구운 고구마를 넣어 섞어요.

5 고루 버무려지면 불을 끄고 검은깨를 뿌려 완성해요.

아이 간식

패스트푸드점 인기 메뉴 따라잡기

해시브라운

아이 간식
2위

총 시간
50
분

분량
4인분

 에어프라이어 온도
180도

 에어프라이어 시간
20분

 종이포일

 재료

감자 4개, 케첩 적당량, 소금 1/2숟가락, 전분 2숟가락

감자 삶는 재료 소금 1/2숟가락, 설탕 1/2숟가락

 레시피

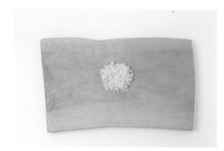

1 감자 4개는 껍질을 벗기고 그중 2개는 곱게 다져요.

젓가락으로 찔렀을 때 부드럽게 들어갈 때까지 삶아요.

2 냄비에 남은 감자 2개와 **감자 삶는 재료**를 넣은 후 잠길 만큼의 물을 부어 뚜껑을 덮고 가열해요. 끓으면 중불로 줄여서 15분 정도 삶아요. 삶은 감자를 건져서 곱게 으깨고 다진 감자(**1**)와 소금, 전분을 넣어 잘 섞어요.

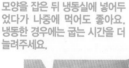

모양을 잡은 뒤 냉동실에 넣어두었다가 나중에 먹어도 좋아요. 냉동한 경우에는 굽는 시간을 더 늘려주세요.

3 손바닥크기의 타원형 모양으로 납작하게 빚어요.

중간에 한 번 뒤집어요.

4 해시브라운(**3**) 앞뒤로 식용유를 바른 뒤 종이포일을 깐 에어프라이어에 넣고 **180도**에서 **20분**간 구운 다음 케첩을 곁들여 완성해요.

고소함이 콕콕 박힌
아몬드쿠키

아이 간식
3위

총 시간
60
분

분량
2인분

 에어프라이어 온도
180도

 에어프라이어 시간
10분 뒤집고 **10분**

종이포일

 재료

박력 밀가루 220g, 베이킹파우더 4g, 우유 50ml, 버터 120g, 설탕 100g, 아몬드슬라이스 2/3종이컵

 레시피

1 버터는 실온에 1시간 이상 꺼내둔 뒤 볼에 담아 거품기로 부드럽게 풀어요.

2 설탕을 2~3번에 나눠 부으면서 서걱거림이 없을 때까지 섞어요.

너무 많이 섞으면 반죽이 질겨지고 바삭함이 사라져요.

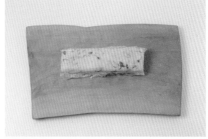

3 우유를 2에 넣어 섞고 박력 밀가루와 베이킹파우더를 체 쳐 넣은 후 고무주걱을 세워 하얀 가루가 보이지 않을 정도로만 가르듯이 섞어요.

4 아몬드슬라이스를 반죽(3)에 넣어 가볍게 섞은 뒤 위생비닐에 담아 한 덩이로 뭉쳐 냉동실에 2시간 정도 굳혀요.

5 쿠키반죽을 1cm 두께로 썰어 종이포일을 깐 에어프라이어에 넣고 **180도**에서 **10분**간 구운 후 뒤집어 **10분** 더 굽고 식힘망에 식혀 완성해요.

아이 간식

우리 아이 최애간식!
떡꼬치

| 분량 **2인분** | 에어프라이어 온도 **180도** | 에어프라이어 시간 **5분** | 종이포일 꼬치 |

재료

떡볶이떡 2줌(150g)

양념 재료 케첩 2숟가락, 설탕 1숟가락, 물엿 2숟가락, 고추장 1숟가락, 간장 1숟가락

레시피

냉동실에 있던 떡이라면 1~2분간 더 데쳐요.

1 떡이 잠길 정도의 끓는 물에 떡을 넣고 2분간 데쳐 체에 밭쳐요.

2 데친 떡볶이떡을 꼬치에 4개씩 끼워요.

3 **양념 재료**를 섞어 양념장을 만들고 꼬치에 듬뿍 발라요.

4 에어프라이어에 종이포일을 깔고 떡꼬 치를 넣은 후 **180도**에서 **5분**간 구워 완 성해요.

아이 간식

총 시간
10
분

초간단 심심풀이 간식
라면땅

 분량
2인분

 에어프라이어 온도
180도

 에어프라이어 시간
7분

 종이포일

 재료

라면 1봉
설탕 1숟가락

 레시피

중간에 뒤적여
주면 고르게
색이 나요.

라면스프 양은
취향에 따라
조절해요.

1 라면은 반으로 자른 후 먹기
좋은 크기로 부숴요.

2 에어프라이어에 종이포일
을 깔고 라면땅을 넣은 후
180도에서 **7분**간 구워요.

3 위생비닐에 구운 라면, 라면
스프, 설탕을 넣고 흔들어
섞어 완성해요.

분량
3인분

에어프라이어 온도
180도

에어프라이어 시간
7분

종이포일

재료

떡볶이떡 2줌(150g)
올리브유 적당량

양념 재료
물엿 3숟가락
간장 2숟가락
설탕 1숟가락
다진 마늘 1/2숟가락
물 2숟가락

아이 간식
6위

총 시간
20
분

우리 아이 심쿵하게 하는 특급 간식
떡강정

레시피

취향에 따라
참깨나 검은깨를
뿌려요.

1 떡이 잠길 정도의 끓는 물에 떡볶이떡을 2분간 데친 뒤 체에 밭쳐 물기를 충분히 빼요.

2 에어프라이어에 종이포일을 깔고 떡볶이떡(**1**)을 넣고 올리브유를 듬뿍 뿌린 뒤 **180도**에서 **7분**간 구워요.

3 팬에 **양념 재료**를 넣고 가장자리가 끓어오르면 구운 떡(**2**)을 넣어 중불에서 2분간 볶아 완성해요.

기름 없이도 바삭하게!

감자튀김

아이 간식
7위

총 시간
30
분

분량
2인분

 에어프라이어 온도
180도

에어프라이어 시간
15분 뒤집고 **10분**

 종이포일

재료

감자 2개, 올리브유 1숟가락, 후춧가루 약간, 소금 약간, 케첩 적당량

아이 간식

레시피

1 감자는 깨끗이 씻어 1cm 두께의 막대모양으로 썰어 찬물에 10분 정도 담가요.

2 볼에 물기를 제거한 감자, 올리브유, 소금, 후춧가루를 넣고 잘 비무려요.

3 에어프라이어에 종이포일을 깔고 감자를 넣은 뒤 **180도**에 **15분**간 구워요.

취향에 따라 파슬리 가루를 뿌려도 좋아요.

4 감자를 뒤집어 **10분**간 더 구운 뒤 케첩을 곁들여 완성해요.

뜯어먹는 재미가 있는
아코디언감자

아이 간식
8위

총 시간
30
분

분량
2인분

 에어프라이어 온도
180도

 에어프라이어 시간
10분 뒤집고 **10분**

 종이포일

 재료

감자 2개, 버터 2숟가락, 파슬리 가루 약간, 파마산치즈 가루 약간

 레시피

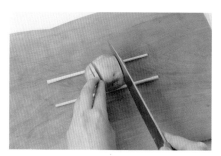

> 찬물에 담가야
> 전분기가 빠져
> 감자가 바삭해요.

1 감자는 깨끗이 씻어 양 옆에 나무젓가락으로 고정시킨 뒤 얇게 슬라이스해요.

2 찬물에 10분간 담근 뒤 건져내고 키친타월에 올려 물기를 빼요.

> 취향에 따라 어니
> 언파우더나 갈릭
> 파우더를 뿌려도
> 좋아요.

3 감자의 갈라진 사이사이에 버터를 골고루 바른 뒤 에어프라이어에 종이포일을 깔고 넣어 **180도**에 **10분**간 구워요.

4 뒤집어 **10분**간 더 구운 뒤 파슬리 가루와 파마산치즈 가루를 뿌려 완성해요.

아이간식

맛있음을 통째로 채웠다!

통감자구이

아이 간식
9위

총 시간
40
분

분량
4인분

 에어프라이어 온도
200도

 에어프라이어 시간
25분 토핑 넣고 **7분**

 종이포일

 재료

감자 4개, 버터 2숟가락, 슈레드 모차렐라치즈 1/2 종이컵, 베이컨 2줄, 쪽파 1대

 레시피

1 쪽파는 송송 썰고 베이컨은 작게 썰어요.

2 감자는 깨끗이 씻어 열십자로 깊게 칼집을 내요.

3 에어프라이어에 종이포일을 깔고 통감자를 넣은 뒤 **200도**에 **25분**간 구워요.

4 감자 위에 버터, 베이컨, 슈레드모차렐라치즈를 올려서 **7분**간 더 구워요.

5 쪽파를 뿌려 완성해요.

코코넛 향이 솔솔~
코코넛오징어튀김

 재료　오징어 1마리, 튀김가루 2숟가락, 빵가루 1종이컵, 코코넛롱 1/2종이컵, 소금 약간, 후춧가루 약간
반죽 재료 튀김가루 1종이컵, 달걀 1개, 물 2/3종이컵
소스 재료 마요네즈 4숟가락, 와사비 1/2숟가락, 꿀 1숟가락

 레시피

1 오징어는 내장을 떼고 껍질을 벗겨 한입 크기로 썰고 소금, 후춧가루로 밑간해요.

2 위생비닐에 밑간한 오징어와 튀김가루 2숟가락을 넣고 잘 섞이도록 흔들어요.

3 **반죽 재료**를 섞어 부드럽게 흐를 정도의 농도로 반죽을 만들어둬요. 빵가루와 코코넛롱도 미리 섞어놓아요.

4 튀김가루를 묻힌 오징어(**2**)에 반죽 ⇨ 코코넛롱 섞은 빵가루 순으로 옷을 입혀요.

5 에어프라이어에 종이포일을 깔고 **4**를 담은 뒤 식용유를 뿌려 **160도**에 **15분** 굽고 뒤집어 **5분**간 더 구워요.

6 **소스 재료**를 섞어 와사비마요소스를 만들고 코코넛오징어튀김에 곁들여 완성해요.

아이 간식

알이 쏙! 들어있는 알찬 간식
스카치에그

아이 간식
11위

총 시간
40
분

분량 **3인분**	에어프라이어 온도 **185도**	 에어프라이어 시간 **10분** 뒤집고 **10분**	종이포일

 재료

달걀 7개, 양파 1/4개, 다진 소고기 250g, 빵가루 1 + 1/4종이컵, 소금 약간, 밀가루 1/2종이컵, 다진 마늘 약간, 후춧가루 약간, 파슬리 가루 약간

 레시피

1 에어프라이어에 달걀 6개를 넣고 160도에서 8분간 구워 반숙란을 만들어요.

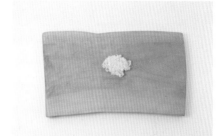

2 양파는 곱게 다져요.

3 키친타월에 받쳐 핏물을 뺀 소고기에 다진 양파, 다진 마늘, 빵가루 1/4종이컵, 소금, 후춧가루를 넣어 잘 치대요.

4 껍질 벗긴 달걀을 소고기 반죽(3)으로 얇게 감싸요.

5 달걀 1개를 풀어요. 밀가루 ➪ 달걀물 ➪ 빵가루 순으로 4에 옷을 입히고 종이포일을 간 에어프라이어에 넣어요.

6 식용유를 뿌린 뒤 **185도**에서 **10분** 굽고 뒤집어 **10분**간 더 구운 다음 파슬리 가루를 뿌려 완성해요.

아이 입맛 취향 저격!

스위트칠리소스
치즈도그

아이 간식
12위

총 시간
20
분

분량
2인분

 에어프라이어 온도
180도

 에어프라이어 시간
10분

종이포일

재료

식빵 5장, 스트링치즈 5개, 달걀 1개, 녹인 버터 2숟가락, 스위트칠리소스 적당량

레시피

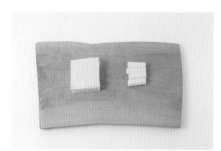

1 식빵은 테두리를 잘라내고 스트링치즈는 2등분 해요.

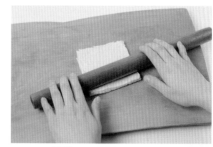

2 식빵은 밀대로 최대한 얇게 밀어요.

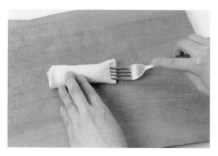

3 식빵에 스트링치즈를 얹고 돌돌 만 뒤 가장자리와 양끝에 달걀물을 바르고 포크로 꾹꾹 눌러 치즈가 새어 나오지 않게 해요.

4 에어프라이어에 종이포일을 깔고 치즈 도그(3)를 말린 끝부분이 바닥에 닿도록 올린 뒤 달걀물 ⇨ 녹인 버터를 순서대로 발라요.

5 **180도**에서 **10분**간 구운 뒤 스위트칠리소스를 곁들여 완성해요.

아이간식

184
185

상큼하게! 달콤하게!
사과튀김

분량 **4인분** |  에어프라이어 온도 **180도** |  에어프라이어 시간 **10분** 뒤집고 **3분** | 종이포일

 재료

사과 1개, 전분 1/4종이컵, 빵가루 1 + 1/2종이컵, 슈가파우더 약간, 시나몬파우더 약간

반죽 재료 핫케이크 가루 1/2봉(200g), 달걀 1개, 우유 1/2종이컵

 레시피

1 사과는 동그란 모양을 살려 가로로 납작 썬 뒤 병뚜껑으로 눌러 씨를 제거해요.

2 볼에 **반죽 재료**를 넣고 섞어 핫케이크 반죽을 만들어요.

3 사과는 전분 ⇨ 핫케이크반죽(**2**) ⇨ 빵가루 순으로 옷을 입혀요.

4 에어프라이어에 종이포일을 깔고 사과 튀김을 넣은 뒤 식용유를 뿌려 **180도**에서 **10분**간 굽고 뒤집어 **3분** 더 구워요.

5 접시에 담고 슈가파우더와 시나몬파우더를 뿌려 완성해요.

아이 간식

아이가 해달라고 아우성치는
치즈스틱

분량
3인분

 에어프라이어 온도
170도

 에어프라이어 시간
5분 뒤집고 **5분**

 종이포일

 재료

스트링치즈 3개, 달걀 2개, 빵가루 1종이컵, 밀가루 1/2종이컵, 파슬리 가루 1숟가락

 레시피

1 스트링치즈는 2등분 해요.

2 빵가루에 파슬리 가루, 식용유를 넣고 섞어요.

골고루 꼼꼼히 묻혀야 구웠을 때 터지지 않아요.

3 스트링치즈에 밀가루 ⇨ 달걀물 ⇨ 빵 가루 순으로 옷을 입히고 같은 방법으로 한 번 더 반복해 옷을 입혀요.

4 에어프라이어에 종이포일을 깔고 치즈 스틱을 담은 후 **170도**에서 **5분**간 굽고 뒤집어서 **5분**간 구워 완성해요.

아이간식

은근히 중독성 있는
가래떡구이

분량
2인분

에어프라이어 온도
180도

에어프라이어 시간
10분

종이포일

재료

현미 가래떡 6줄
꿀 적당량

냉장실에 있던 가래떡은
끓는 물에 한 번 데치고,
냉동실에 있던 가래떡은
해동 후 넣어주세요.

레시피

1 에어프라이어에 종이포일을 깔고 가래
떡을 넣은 후 식용유를 뿌려요.

2 **180도**에서 **10분**간 구운 뒤 꿀을 곁들여
완성해요.

분량
2인분

에어프라이어 온도
160도

에어프라이어 시간
8분

아이 간식
16위

총 시간
10
분

편의점 인기 간식을 집에서!
반숙란

재료

달걀 6개
소금 2숟가락

레시피

간이 없는 달걀을
만들고 싶다면 2번
과정은 생략하세요.

1 달걀은 미리 상온에 꺼내두세요. 에어프라이어에 넣고 **160도**에서 **8분**간 구워요.

2 달걀에 잠길 정도의 물을 붓고 소금을 넣은 후 6~8시간 두어 완성해요.

바삭함의 끝판왕이 떴다!

시리얼치킨텐더

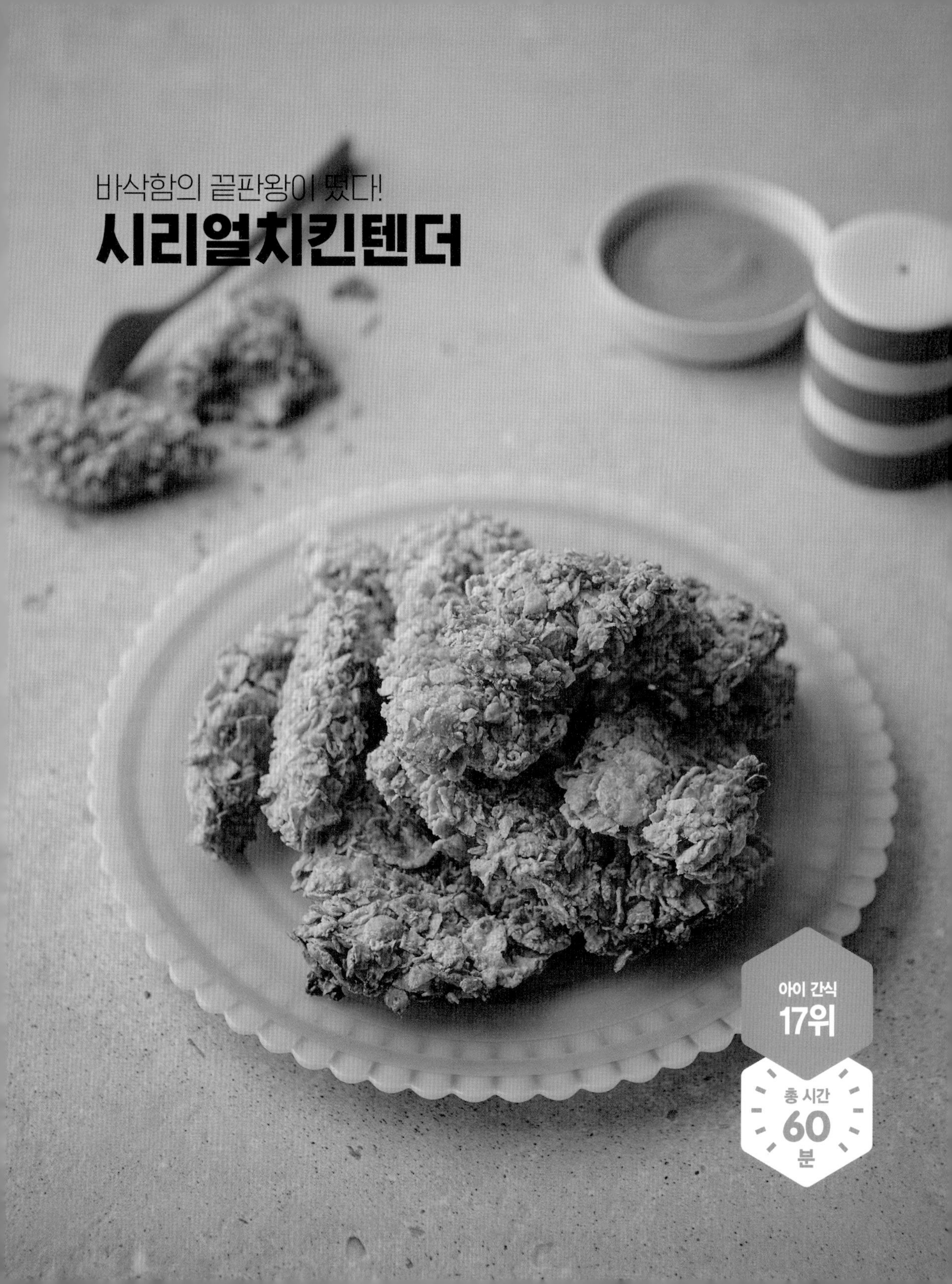

아이 간식 17위

총 시간 60분

분량
4인분

 에어프라이어 온도
185도

에어프라이어 시간
10분 뒤집고 **10분**

 종이포일

 재료

닭고기 안심 400g, 무가당 시리얼 2종이컵, 튀김가루 1종이컵, 고춧가루 1/2숟가락, 카레가루 1/2숟가락

밑간 재료 플레인요거트 1개(80g), 소금 약간, 다진 생강 약간, 후춧가루 약간

소스 재료 케첩 4숟가락, 마요네즈 4숟가락, 꿀 2숟가락, 핫소스 1숟가락

 레시피

요거트가 닭의
누린내를
잡아줘요.

1 닭고기는 힘줄을 제거한 뒤 **밑간 재료**에
버무려 냉장실에 20~30분간 잠시 둬요.

2 지퍼백에 무가당 시리얼을 넣고 밀대로
밀어 굵게 부숴요.

3 위생비닐에 튀김가루와 닭고기(**1**)를 넣
고 흔들어 고루 묻혀 꺼내요.

4 비닐 속 남은 가루는 물 1종이컵, 고춧
가루, 카레가루를 넣고 반죽해요.

5 닭고기(**3**)는 반죽(**4**) ⇨ 부순
시리얼 순으로 옷을 입혀요.

6 종이포일을 깐 에어프라이
어에 **5**를 넣고 **185도**에 **10분**
굽고 뒤집어 **10분** 더 구워요.

7 **소스 재료**를 잘 섞고 치킨텐
더에 곁들여 완성해요.

아이간식

700만이 뽑은 에어프라이어 맛보장 요리

이보다 간단할
수는 없다
시판제품 요리

먹부림 폭발하게 만드는
튀김강정

시판제품 요리
1위

총 시간
30
분

분량
4인분

 에어프라이어 온도
180도

 에어프라이어 시간
10분 뒤집고 **10분**

 종이포일

 재료

냉동 모듬튀김 1봉(450g), 다진 땅콩 3숟가락

양념 재료 고추장 4숟가락, 케첩 5숟가락, 물엿 2숟가락, 다진 마늘 1숟가락, 다진 대파 1숟가락,
다진 양파 1숟가락, 물 1/2종이컵, 후춧가루 약간

시판제품 요리

 레시피

식용유를 뿌리면
더욱 바삭해요.

1 에어프라이어에 종이포일을 깔고 냉동
모듬튀김을 넣고 식용유를 뿌려요.

2 **180도**에서 **10분**간 굽고 뒤집어 **10분** 더
구워요.

큰 튀김들은
먹기 좋게
잘라요.

3 팬에 **양념 재료**를 넣고 중불로 끓여 양이
반으로 줄어들 때까지 졸여요.

4 양념(**3**)에 튀김강정(**2**)을 넣고 잘 버무
린 뒤 불을 끄고 다진 땅콩을 뿌려 완성
해요.

분식집 튀김의 대반란
김말이탕수육

| 분량 **4인분** | 에어프라이어 온도 **180도** | 에어프라이어 시간 **10분** 뒤집고 **5분** | 종이포일 |

재료

냉동 김말이 1/2봉지(250g), 녹말물 3숟가락, 당근 1/3개, 양파 1/2개, 표고버섯 1개

└ 녹말물은 물 2숟가락과 녹말가루 2숟가락을 섞어 만들어요.

소스 재료 물 1종이컵, 식초 3숟가락, 간장 4숟가락, 설탕 4숟가락

레시피

취향에 따라
파프리카나
과일을 넣어도
좋아요.

1 에어프라이어에 종이포일을 깐 후 냉동 김말이를 넣고 **180도**에 **10분**간 굽고 뒤집어 **5분** 더 구워요.

2 당근은 납작 썰고 양파와 표고버섯은 한입 크기로 썰어요.

3 달군 팬에 식용유를 약간 두르고 당근, 양파, 표고버섯을 넣어 가볍게 볶은 뒤 **소스 재료**를 부어 중불로 가열해요.

4 한소끔 끓인 뒤 녹말물을 부어가며 섞어 농도를 조절해요.

5 구운 김말이(**1**)를 그릇에 담고 소스(**4**)를 부어 완성해요.

총 시간
10분

분량
2인분

에어프라이어 온도
180도

에어프라이어 시간
8분

종이포일

겉바속촉의 정석
군만두

재료

냉동 군만두 15개

초간장 재료

간장 2숟가락
식초 2숟가락
설탕 1/2숟가락
물 1숟가락

레시피

겉이 너무 딱딱해
지지 않게 하기
위해서예요.

1 에어프라이어에 종이포일
을 깔고 냉동 군만두를 넣은
뒤 물을 조금씩 발라요.

2 **180도**에서 **8분**간 구워요.

3 **초간장 재료**를 섞어 초간장
을 만들고 곁들여 완성해요.

분량
6인분

에어프라이어 온도
170도

에어프라이어 시간
7분 뒤집고 **5분**

재료

어묵 3장

세상 간단한
어묵칩

레시피

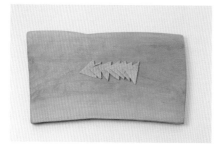

1 어묵은 먹기 좋은 크기로 잘라요.

중간에
뒤적여주면
고르게
익어요.

2 에어프라이어에 어묵을 넣은 후 **170도**
에서 **7분** 굽고 뒤집어 **5분**간 구워 완성
해요.

순대의 멋스러운 변신
순대그라탕

분량
2인분

 에어프라이어 온도
180도

에어프라이어 시간
10분

 내열용기

시판제품 요리

 재료

순대 1/4팩(200g), 케첩 5숟가락, 양파 1/4개, 청양고추 1개, 슈레드 모차렐라치즈 1종이컵,
파슬리 가루 약간

 레시피

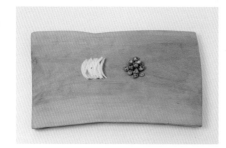

1 양파는 채 썰고 청양고추는 송송 썰어요.

2 내열용기에 순대 ⇨ 양파 ⇨ 청양고추
⇨ 케첩 ⇨ 슈레드 모차렐라치즈 순으
로 올려요.

3 에어프라이어에 **2**를 넣고 **180도**에 **10분**
간 구워요.

4 마지막에 파슬리 가루를 뿌려 완성해요.

포장마차에서 먹던 맛 그대로!
마늘닭똥집튀김

시판제품 요리
6위

총 시간
40
분

분량 **2인분**  에어프라이어 온도 **180도**  에어프라이어 시간 **15분** 뒤집고 **10분** 종이포일

 재료

닭똥집 1/3팩(300g), 마늘 15개, 튀김가루 4숟가락, 밀가루 2숟가락

밑간 재료 청주 1숟가락, 소금 약간, 후춧가루 약간

소스 재료 다진 마늘 3숟가락, 꿀 1숟가락, 참기름 2숟가락, 소금 1/4숟가락, 후춧가루 약간

 레시피

밀가루로 씻어야 누린내
와 불순물이 사라져요.
2번 반복하면 더 좋아요.

1 닭똥집은 밀가루를 넣어 주물러 씻은
뒤 찬물에 여러 번 헹궈 체에 밭쳐요.

2 닭똥집과 마늘은 청주, 소금, 후춧가루
로 밑간해 잠시 재워요.

3 튀김가루를 **2**에 넣고 가볍게 버무려요.

4 에어프라이어에 종이포일을 깔고 닭똥
집(**3**)을 넣은 뒤 **180도**에서 **15분**간 굽고
뒤집어 **10분** 더 구워요.

소스가 너무 맵다면 전자레인지에
30초씩 2번 돌려요.

5 **소스 재료**를 잘 섞고 닭똥집에 버무려 완
성해요.

시
판
제
품
요
리

 분량
2인분

 에어프라이어 온도
180도

 에어프라이어 시간
10분 뒤집고 **5분**

 종이포일

손님접대 요리로도 손색없는
너깃칠리강정

재료
냉동 치킨너깃 20개
다진 견과류 4숟가락

소스 재료
물엿 5숟가락
다진 마늘 1/2숟가락
고춧가루 1숟가락
케첩 1숟가락
고추장 2숟가락
물 1/2종이컵

 레시피

1 종이포일을 깐 에어프라이어에 너깃을 넣고 **180도**에 **10분** 굽고 뒤집어 **5분** 더 구워요.

2 팬에 **소스 재료**를 넣고 약불로 가열하고 끓어오르면 불을 꺼요.

3 소스에 구워놓은 치킨너깃을 넣고 가볍게 버무려 완성해요.

분량
3인분

에어프라이어 온도
160도

에어프라이어 시간
10분

종이포일

달달함이 팡팡! 터진다!
꽃빵튀김

재료

냉동 꽃빵 10개
올리브유 1숟가락
연유 또는 꿀 적당량

레시피

마르지 않게 젖은
행주나 비닐로
덮어두세요.

1 냉동 꽃빵은 실온에 미리 꺼
내두어 해동해요.

2 꽃빵에 올리브유를 골고루
발라요.

3 에어프라이어에 종이포일
을 깔고 꽃빵을 담아 **160도**
에서 **10분**간 굽고 연유 또는
꿀을 곁들여 완성해요.

소 만들 필요 없는
고추튀김

재료

풋고추 6개, 냉동 동그랑땡 3개, 밀가루 1/3종이컵, 달걀 1개, 빵가루 2종이컵

초간장 재료 간장 3숟가락, 식초 1숟가락, 설탕 1숟가락, 물 1숟가락

 레시피

1 풋고추는 길게 칼집을 내 속씨를 제거해요.

2 냉동 동그랑땡은 볼에 담고 랩을 씌워 전자레인지에 2분 돌린 후 손으로 으깨요.

3 풋고추는 안쪽까지 밀가루를 고루 바른 뒤 으깬 동그랑땡을 속에 채워요.

4 달걀을 곱게 푼 뒤 풋고추(3)에 달걀물 ⇨ 빵가루 순으로 옷을 입혀요.

5 에어프라이어에 종이포일을 깔고 **4**를 담은 뒤 식용유를 뿌려 **190도**에서 **10분**간 구워요.

6 **초간장 재료**를 섞어 초간장을 만들고 곁들여 완성해요.

소떡소떡

시판제품 요리
10위

총 시간
30
분

분량
4인분

 에어프라이어 온도
180도

에어프라이어 시간
8분

종이포일
꼬치

 재료

떡볶이떡 24개, 비엔나소시지 24개, 허니머스터드 적당량

소스 재료 고추장 1숟가락, 올리고당 3숟가락, 다진 마늘 1/2숟가락, 케첩 3숟가락, 간장 1/2숟가락, 물 3숟가락

 레시피

1 떡볶이떡을 끓는 물에 30초간 데친 뒤 체에 받쳐요.

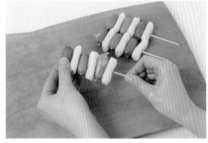

2 꼬치에 떡볶이떡과 비엔나소시지를 번 갈아 꽂아요.

3 팬에 **소스 재료**를 넣어 약불로 가열하고 끓어오르면 불을 꺼요.

4 에어프라이어에 종이포일을 깐 다음 꼬 치(**2**)를 담아 식용유를 뿌린 뒤 **180도**에 서 **8분**간 구워요.

5 소스(**3**)를 앞뒤로 바른 뒤 허니머스터 드를 뿌려 완성해요.

냉동 멘보샤 (완제품)

식용유를 뿌리고 **180도**에서 **10분** 구운 후 뒤집어 **5분** 더 구워서 완성해요.

냉동 타코야끼 (완제품)

식용유를 뿌리고 **180도**에서 **10분** 구운 후 뒤집고 **5분** 더 구워 완성해요. 소스, 마요네즈, 가쓰오부시를 뿌려 먹어요.

냉동 매콤돼지껍데기 (완제품)

종이포일 위에 모아 올려서 **180도**에서 **5분** 굽고 뒤집어서 **5분** 더 구워 완성해요.

냉동 아게다시도후 [완제품]

식용유를 뿌리고 **180도**에서 **10분** 구운 후 뒤집고 **5분** 더 구워 완성해요. 쯔유, 간 무, 가쓰오부시를 뿌려 먹어요.

냉동 오감찰바 [완제품]

160도에서 **10분** 구운 후 뒤집고 **5분** 더 구워 완성해요..

냉동 생지 크로와상

종이포일을 깔고 냉동 상태의 생지를 넣어 **180도**에서 **10분** 구운 후 확인하고 다시 **3분** 구워 완성해요.